U0346795

华夏文库·科技史书系

古历兴衰

授时历与大统历

李亮　著

大地传媒　中州古籍出版社

《华夏文库》发凡

    毫无疑问，每一个时代都有属于自己时代的精神追求、文化叩问与出版理想。我们不禁要问，在 21 世纪初叶，在全球文明交融的今天，在信息文明的发轫初期，作为一个中国出版人，我们正在或者将要追求什么？我们能够成就或奉献什么？我们以何种方式参与全球化时代的文化传播进程？在一连串的追问下，于是，有了这套《华夏文库》的出版。

    自信才能交融。世界各大文明在坚守自身文化个性的同时，不约而同地加快了探视其他文化精神内涵的步伐，世界不同文明正在朝着了解、交流、碰撞、借鉴与融合的方向前进。在此背景下，建立自身的文化自信，正是与世界各文明民族进行文化交流的基本要求。五千年中华文明与文化正在不断地被其他文明所发现、所挖掘、所认知，汉语言正在生长为世界语言，儒文化正在世界各地落根发芽。

    借助这样一种正在成长着的文化自信、自觉、开放、亲和之力，用我们这个时代的学术眼光全面系统梳理中华五千年的文明与文化，向其他各大文明与文化圈正面展示自我，让中华优秀文化成为世界文化的重要组成部分，正是我们出版这套文库的目的之一。此其一。

    知己才能知彼。身处五千年文化浸润的今天，重新思考我们先人的人生思考、价值思考与哲学思考，找到一个民族、一个国家的价值所在、立命所在、安身所在，这已经是我们这个时代的学人与出版人不得不再思考的问题。作为中华文明的一分子，我们在思考的同时，还必须了解我们的先人创造了如何优秀的精神文明与物质文明以及社会文明。只有熟知自己的文化，热爱自己的文化，悟明自己的文化，我们才能宣说自己、弘扬自己、光大自己。因此，我们策划组织这套《华夏文库》的初衷，还在于让当下的知识青年全面系统瞭望中华文明与文化的全景，并藉此能够对更为深广的世界各民族文化提供一个比较认知的基础。此其二。

顺势才能有为。我们正处在农耕文明、工业文明、信息文明的交汇处，信息文明带领我们从读纸时代进入读屏时代，以智能手机屏幕为代表的书籍呈现方式正在与纸质书籍争夺阅读时间与空间。我们正在领悟数字技术，正在以信息文明的视角，去整理、分析和研究农耕文明与工业文明的文化遗产，不仅仅是为了唤醒优秀的传统文化，我们还在生发和原创着当今时代的文化。由此，我们试图架起一座桥梁——由纸质呈现而数字呈现，由数字呈现而纸质呈现，以多媒介的书籍呈现方式，将文字、图像、声音与视频四者结合，共同筑成《华夏文库》以奉献给信息文明时代的新读者。此其三。

总之，这是一套——专家大家名家写小书；以最小的阅读单元，原创撰写中华精神文化、物质文化与社会文明系列主题与专题；以图文、音视频多媒介呈现的方式；全面介绍与传播中华文明与优秀文化，系统普及与推介中华文明与文化知识；主旨是为了让世界与中国共同了解中国的——大型丛书，藉此，复兴文化，唤起精神，融入世界。

耿相新

2013 年 6 月 27 日

目 录

小知识目录

引言

何为历法？

历法仅是"观象授时"？

中国传统历法有着悠久的历史，丰富的科学内涵，是古代天文学的精髓所在，也是古代科技的重要组成部分。不过，什么又是历法呢？通俗来说，历法是依据年、月、日等时间单位，按一定法则组合和安排时间序列的方法，是人类为了配合日常生产与生活，根据观测天象逐渐形成的计算时间的方法，也就是通常所说的"观象授时"。

很多人对于历法的认识，不外乎是如何分配一年中的月和日，进行闰日、闰月以及节气的安排等。我们接受的传统教育一般都强调历法是农业文明的产物，农业依赖历法计算季节的更替，因此历法必然与农业生产紧密相关。我国自古以来就是农业大国，这也决定了中国古代的历法具有相当高的科学水平，在许多方面处于世界领先的地位。此外，"三代以上，人人皆知天文""七月流火，农夫之辞""三星在天，妇人之语"这些广为传诵之谣也加深了我们的某种印象，即古人大都掌握有非常丰富的天文和历法知识。如果诸位读者也有以上类似的感觉，那么你对中国古代历法的认识或许已经陷入了很深的误区。

由于农牧生产和生活的需要，古人希望掌握昼夜交替、月亮盈亏和季节变化的规律。于是，反映季节变化的回归年、反映月亮盈亏的朔望月、反映昼夜更替的太阳日，便成为人们最早关心的问题。最初的历法是从"物候"方面把握的，即通过对草木枯荣、动物迁徙和出入等方面的观察，来探索时间规律问题。随后，才转变为对某些星象的观测。传说上古颛顼帝时代就曾设立"火正"专司大火星的观测，以黄昏时分大火星正好从东方地平线上升起时刻作为一年的起始，这可能就是观象授时的初期形态。据《尚书·尧典》记载："（尧）乃命羲、和，钦若昊天，历象日月星辰，敬授民时。"尧帝命羲、和兄弟分别观测鸟、火、虚、昴四颗恒星在黄昏时是否正处于南中天，来确定春分、夏至、秋分和冬至，划分一年四季；并且还采用了"期三百有六旬有六日，以闰月定四时成岁"来安排闰年、闰月，这是最早关于中国古代原始阴阳历的记载。

当然，除了敬授民时，古代历法的内容远不止于此。它还包括了对日、月、五星位置的推算，日月交食的预报，每日午中日影长度和昼夜时间长度的计算等。这些内容显然很多与农牧生产的需求无关，更多的是与统治者希望预知某些天象的意愿有关。殷商时期，人们就对日食、月食予以特殊的关注；周代之后，人们对于月亮和某些行星的运动也格外注意。因为古人认为这些天象与人间的凶吉祸福存在着某种关系，将祥瑞和灾异看作是上天的旨意，天象也被认为与国家的兴亡、帝王的祸福有着直接的联系，即"天人感应"。观象以见吉凶的这种观念后来发展成为一种根深蒂固的思想，于是古人更加注重对天体各种运动规律的总结，以求准确预报天象，从而化险为夷。所以除了安排历日之外，日食、月食以及行星运动位置的推算等，就逐渐

《钦定书经图说》中的"命官授时图"

成为中国古代历法中不可或缺的内容。

　　作为可以窥天的重要途径，天文和历法也因此逐渐被官方所垄断，至迟从周代开始，就已经形成了由中央政权每年向王朝管辖范围内的地区颁布历日的制度，制定和颁布历法被历代帝王认为是统治权的重要象征，即"受天命，改正朔"[1]。在这种特定机制的制约与推动下，中国古代历法又多了一层政治含义，并且具有了官办的性质和实用的特征，而历代统治者与历法之间的互动，也成为中华民族历史长河中的重要篇章之一。

[1] "正"是一年之首，"朔"是一月之首，"正朔"常代指历法。"受天命，改正朔"，说的是每当改朝换代就要改用新的历法，而这种改变是秉承天意的。《礼记·大传》记载："立权度量，考文章，改正朔，易服色，殊徽号，异器械，别衣服，此其所得与民变革者也。"说的是"改正朔"，即新朝初立时需要进行的改革之一。

总之，从现代天文学的角度来看，历法是天文学的分支学科。虽然我们不能将中国古代的历法简单地理解为一门单纯的科学，但中国古代历法除了对历日的安排，还涵盖了对日、月和五星运动的研究，具体包括对朔、晦、弦、望、节气、卦候、闰月的计算，每日昼夜漏刻长度、晷长和昏旦中星的推算，日月交食的预报，日、月、五星在恒星间位置的推算等，几乎涵盖了近现代历法的大多方面。所以从科学的角度，古代历法的范畴大大超越了简单的授时，是一个复杂的天文推算系统。而且，其中的大多推算内容，如日月交食和五星凌犯[1]等，实际上与农业生产毫无关系。所以历法在中国古代更多是作为帝王星占服务的工具和皇权的象征。

古历的种类与沿革

中国古代一直使用阴阳合历，自商周时期，古人就开始兼顾基于太阳运动周期的阳历和基于月亮运动周期的阴历，阴阳合历的传统逐步成型。此外，对历法的重视及其在国家政权中占有特殊地位的观念也开始形成。这是天文知识需要漫长时间积累的年代，当时的历法知识对于后世而言，显得较为粗陋。根据古文献记载，唐尧时期，人们对太阳的周年视运动已经有了大致理解，逐渐有了"年"的概念。出土的殷商甲骨文也表明，当时人们清晰地认识了月相的变化，创造了干支纪日的系统。而据《周髀算经》记载，大概在西周时期，人们已经采用圭表测定方向，并按照其影长变化，测算太阳的运动规律。

春秋时期之前，虽然人们已经有了一定的历法知识的积累，但这

---

[1] 凌犯为天文现象，即日、月、五星及其他天体运行到恒星附近位置，光芒相及或相触。

《钦定书经图说》中的"夏至致日图"

距离完善的历法系统还有很大的差距。此时的历法在很大程度上还需要依赖"物候"现象的辅助,也就是借助动植物随着季节和气候的改变而发生周期性变化的知识。对于中国古代传统历法而言,一部完善的历法首先要有科学测算日月运动的方法,以及相应的纪年、纪月、纪日系统和置闰法则。其次,还要具有合理的预测日食、月食和五星运动的方法。对于春秋之前的历法,后一标准通常是很难达到的。

战国到南北朝时期,传统历法的基本框架已逐渐形成。西汉初期长沙马王堆出土的《五星占》表明,秦汉之际人们对行星会合周期已经大致有了正确的认识,秦代历法应该具备了初步预报行星运动的方法。汉代的三统历,已经开始分别采用交食周期和会合周期来推算日食、月食和五星运动。东汉末刘洪(约 129 ～ 210)的乾象历开始关注月行迟疾，并且提出了一些新概念和方法，如近距历元法，以及编算用于修正月亮运动的月离表等。晋朝的虞喜（281～356）发现了岁差，刘宋祖冲之（429～500）将其引入大明历中，创立了与"回归年"不同的"恒星年"概念，提高了推算日、月、五星在恒星间位置的精度。祖冲之还发明了新的冬至时刻测算法，对提高测定冬至时刻的精度有重大意义。以上这些都为历法内容的完备和精度的提高打下了坚实的基础。总体而言，这一时期的历法虽然在若干天文数据和表格精度上达到相当高的水准，但总体上采用平气、平朔注历，日月交食与五星运动的理论相对比较简单，历法的理论与方法上都还有待改进。

隋唐时期，历法理论体系已经较为完善。北齐张子信(约520～560)经过二十余年的精心观测与潜心研究，取得了三项重大发现，即太阳、五星运动的不均匀性，以及月亮视差对日食的影响。这为隋唐历法高速发展提供了必要的条件。隋代刘焯（544～608）和张胄玄（？～613）将张子信的发现用于各自的历法皇极历和大业历中，于是有了太阳和五星运动不均匀性改正表，即日躔表与五星入气加减表的出现。此外，皇极历还创新了交食初亏、复圆时刻的计算，黄白道度差算法等，大业历则在太阳出入时刻表以及五星会合周期值的测定上都相当精确。还需要指出的是，皇极历将数学上的等差级数法用于五星动态、昼夜漏刻、黄赤道度差和交食的计算，在日躔表、月离表和月亮极黄纬表中更是创用了等间距二次差内插法，使得中国古代历法体系发展到了一个崭新阶段。

到了唐代，各种改革和创新的发展势头仍在延续。如唐初定朔法的采用，此前历法一般采用平朔法，经过傅仁均戊寅历和李淳风（602～670）麟德历的先后完善，定朔法遂成定式，麟德历还在取消闰周法和统一天文常数的分母等方面大为改进。一行（673或

683～727）的大衍历还在日躔表和食差表中首创了不等间距二次差内插法，在五星运动方面，对五星动态表和五星运动不均匀性改正表都进行了重大变革。此外，一行还建立了计算九服晷长、昼夜漏刻长度和食差的各种近似算法。徐昂的宣明历则首创了日食时差、气差、刻差的算法，完备了月亮视差对日食食分和时刻影响的方法，为后世历法所沿用。所以，这一时期的历法，通过创立了一系列有力的数学方法，在日食理论与五星运动等方面，都取得了突破性的成就。

宋元时期，中国传统历法的精确性大为提高，各种天文常数和表格的总体精度均达到高峰，高次函数法也得到了广泛应用，算法的精度也相当完善。宋代宋行古的崇天历创造了黄白道和赤白道度差的公式计算法。周琮的明天历则对历法中的算法进行了高度的公式化。其中，日月和五星的中心差，黄赤、黄白和赤白道度差，晷长和昼夜漏刻长度以及交食时差、气差和刻差，交食初亏和复圆时刻等，均取二次至四次函数算法。而晷长的计算，甚至运用了五次函数算法，这也是中国古代历法中采用的最高次函数。金元时期，通过与伊斯兰天文学的交流，在历法上开始出现了一些与此前历法不一样的特征。例如，授时历中采用的弧矢割圆法及其日月食中可能被运用的几何模型，对中国传统历法起到了一定的促进作用，尽管这个时期的历法大体上仍然延续了以数值算法为特征的传统。

总之，经过漫长的知识积累以及在理论和方法上的不断创新，中国传统历法在元代终于迈向了巅峰，其标志就是郭守敬（1231~1316）和王恂（1235~1281）等人编修的授时历。授时历不但继承发展了前代历法的有关数学方法，还具有许多新的发明创造，成为集古代历法之大成之作。随后，大统历在授时历的基础上做了一些完善，使得这一历法系统从元代一直沿用至明末长达三百多年之久，成为中国历史上使用时间最长的历法。

天运不齐，历久必差

中国古代历法众多，但平均行用寿命通常只有数十年，历法常陷入"行久必差"的魔咒中，使得古代改历极为频繁。长期以来，历法的争论与改革不断，过程也错综复杂，但往往不是简单的真理与谬误之争。从汉代到唐代，较大规模的历法争论就不下十次。然而从改历的起因到历争胜负的判决标准来看，历法改革不是现代意义上纯粹的科学活动，而更像是具有古代中国特色的文化和政治活动。争论的胜方未必正确，败者未必错误；颁行的历法也未必精于未颁行的历法。

历史上主要的改历原因，不但包括技术上的因素，如"分至乖失，则气闰非正"，预报交食不效等；也包括政治和社会因素，如"改正朔、易服色"[1]，以及灾异、祥瑞和重大祭祀活动等。此外，历法的门户和流派矛盾也是历法争论的重要因素。同样，决定历法胜负的因素也是多方面的，既有以实测结果检验历法优劣的技术手段，也有帝王个人的性情好恶和政治目的的影响。此外，是否符合经典与传统也是历法能否被接受的重要因素。[2]

中国古代官方先后颁用的历法至少有五六十部之多，从技术因素来看，改历的具体原因大抵可分为以下几种。首先是朔差、气差[3]和宿

---

[1] 所谓"改正朔"就是要建立一套有本朝特色的历法系统，"易服色"则是与邹衍五德终始理论有关的东西。这些都属于历法改革政治层面上的原因。

[2] 钮卫星：《汉唐之际历法改革中各作用因素之分析》，《上海交通大学学报（哲学社会科学版）》2004年第5期，第33～38页。

[3] 气差，晷影实测所得冬至时刻与历法推算冬至时刻之差。

差[1]带来的历法偏差，如汉武帝时期就因颛顼历"朔晦月见，弦望满亏，多非是"而改行太初历，东汉四分历的施行，也是因为太初历"晦朔弦望，先天一日"。元嘉历取代景初历的原因，则是"宋何承天始立表候日景，十年间，知冬至比旧用景初历常后天三日"。其次是日月食差，多数历法的改革都与日月食推算不准确有关，随着历法的发展，验证交食的标准也在不断提高。如汉魏时期以"合朔月食，不在朔望"为交食不验，唐宋以后则更加苛刻，食分之多少、交食时刻的早晚等都成为交食验否的标准。所以，历法的改进与人们对交食预报的要求也是紧密相关的。此外，五星行度的偏差、闰月或大小月安排失当、漏刻时刻失准等都是需要改进历法的重要原因。

由于历法的天文常数和算法步骤都存在一定的误差，随着时间的推移，这些误差不断积累增大。正如《元史·历志》所言"历唐而宋，其更元改法者，凡数十家，岂故相为乖异哉？盖天有不齐之运，而历为一定之法，所以既久而不能不差，既差则不可不改也"，任何历法都会因为"年远数盈，渐差天度"，最终无法避免推算出错的命运。唯一解决之道，只能是随时考验，以合于天，也就是根据观测到的误差不断地修正历法。

不过，相比之前历法，授时历为何能够长期行用？授时历是否能够如最初期望的那样"行之悠久，自可无弊"？明代的大统历在授时历的基础上又有了哪些改进？中国的传统历法为何在授时历这一高峰后就逐渐走向衰落？相信这本小书能给各位读者带来新的启迪和思考。

---

[1] 宿差，在发现岁差以前，冬至日所在位置的变化也被当成要求改历的一个理由，即所谓"宿差"，如东汉四分历新测值就否定太初历冬至日在牵牛初度之说。

一　历法高峰的来临

至元十三年（1276），忽必烈1215～1294）下令改革历法。经过周详的组织安排以及人才调集、机构设置、天文观测和仪器制作等一系列工作，以郭守敬和王恂为代表的元代天文学家完成了著名的授时历，使中国传统历法走向了巅峰。

1 忽必烈改历：帝王之政莫大于此

　　元太祖成吉思汗（1162～1227）于
1206 年建立蒙古汗国，不过蒙古汗国初期
并没有编修自己的历法，只是承用金朝的
重修大明历。1220 年蒙古西征，西域人预
言五月望夜应当发生月食，而重修大明历
未能准确推测出这次月食。中书令耶律楚
材（1190～1244）认为重修大明历稍后
天[1]，于是在该历天文数据和推步方法的基

耶律楚材像

础上修正了历法推算。因为西域与中原相距殊远，他又采用里差之法
予以增减，通过经度差的修正，使地方时"不复差忒"。耶律楚材将
自己的历法题名为"西征庚午元历"以进呈，但未得颁行，不过所幸
庚午元历后来被载入《元史·历志》之中。此外，耶律楚材认为西域
人的步五星术比中国精密，因此又作麻答巴历，可惜该历未流传下来。

　　1249 年，刘秉忠（1216～1274）向忽必烈建言，认为："见行辽历，
日月交食颇差，闻司天台改成新历，未见施行。宜因新君即位，颁历

---

[1] 后天，历法预测天象发生的时刻比天象实际发生的时刻要晚。

《三才图会》中的"刘秉忠像"

元世祖忽必烈像

此图为元代宫廷画家所绘,绢本设色,台北"故宫博物院"藏。所绘虽为元世祖忽必烈大汗,而绘画的手法全是宋朝工笔人物画风格

改元。今京府州郡置更漏,使民知时。"可见,当时的司天台早已认定重修大明历不合时宜,但也未见有真正改历的举措。1260年,忽必烈继汗位,建元为中统。由于国家尚未统一,且新历法的颁行准备不足,未能开展认真的观测与研究而难以实施,此前刘秉忠"颁历"及"改元"的建议只实现了一半。直到至元十一年(1274),刘秉忠去世,他所倡议的历法改革,仍旧未提上日程,这不得不说是一大憾事。

至元十三年(1276),忽必烈平定南宋。"江左既平,上(忽必烈)思用其(刘秉忠)言",遂诏太子赞善王恂、都水少监郭守敬改制新历,设立太史局,并命御史中丞张文谦(1216~1283)、枢密副使张易总领其事。后来,王恂又举荐前中书左丞许衡(1209~1281)参加。许衡等人认为金朝虽改历,但仅以宋代纪元历略加增益,实际上并未验天测候,缺陷颇多;建议与前朝南北日官一同考验历代历法,然后建造仪器、测候日月运动和日景长短,参别同异、酌取中数,以为改历之根本。于是一场策划缜密、规模宏大、成绩斐然的历法改革工作由此展开。

至元十六年(1279),为了调整太史局同司天台之间的关系,改太史局为太史院。起初太史局仅负责改革历法,成立太史院是要扩大太史局的权限,赋予其颁布历书的职责,而司天台则被降格为培养天文历法

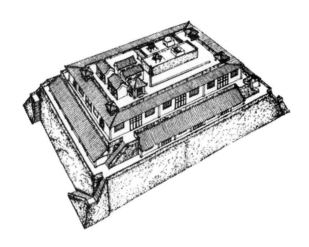

元代太史院"灵台"复原图

人员的机构。此外，改局为院，还包含着建立一座新天文台的目的，因为一批新的天文仪器正在设计，制作成功后，无疑需要集中安置来进行天文观测，所以如何管理新的皇家天文台也势在必行。机构调整后，以王恂为太史令，以郭守敬为同知太史院事，昭文馆大学士张文谦领太史院以总其事，不久后深明历理的杨恭懿（1225～1294）也参与其中。

至元十七年(1280)冬至新历完成，据《知太史院事郭公行状》记载：

> 公（王恂）与许公（衡）奏：臣等合朔南司历官，遍考历书四十余家，昼夜测验，创立新法，参以古制，推算辛巳岁历日成，虽或未至精密，而所差计亦微妙。比之前代历家附会历元，更立日法者，自谓无愧。伏惟陛下敬天时，颁正朔，授民时，不可不致精密，以为后世程式，必须每岁测验修改，积二三十年庶尽其法，可使如三代日官，世守其职，永无改易。

虽百世后，亦不复有先后时之弊矣。凡旧历承讹踵陋不可不
革除者，条具别状以闻。

这说明了新历法是在研究前代历法得失、进行昼夜测验的基础上
制成的，既革除旧弊又创有新法，所以说是基本实现了改历任务。但
新法仍有不足之处，由于新的仪器还不齐备，历法还不能对日月和五
星运动进行更精密的测量，而"四海测验"亦未全面完成，这些都要
求需要进行更长时间的测验和校正，才能使新历臻于完善。

至元十七年（1280）六月，又由李谦（1234～1312）拟成《颁授
时历诏》，曰：

古有国牧民之君，必以钦天授时为立治之本，黄帝、尧、
舜以至三代，莫不皆然，为日官者，皆世守其业，随时考验，
以与天合，故历法无数更之弊。……由两汉而下，立积年、
日法以为推步之准，因仍沿袭，以迄于今。夫天运流行不息，
而欲以一定之法拘之，未有久而不差之理，差而必改，其势
有不得不然者。今命太史院作灵台、制仪象，日测月验，以
考其度数之真，积年、日法皆所不取，庶几吻合天运，而永
终无弊。乃者新历告成，赐名曰授时历，自至元十八年正月
一日（1281 年 1 月 22 日）颁行，布告遐迩，咸使闻知。

至此，经过四年多卓有成效的工作，新历被赐名"授时历"，正
式颁布于天下。授时历在实际测量和理论推算上成绩斐然，它是由郭
守敬、王恂以及众多天文学家在张文谦、张易、许衡等人的领导下集
体创作而成的。其中，由于郭守敬享寿最高，授时历最终的文稿皆由

他整理完成，故后人常将授时历主要归功于郭守敬个人。

授时历颁布的当年，改历的重要参与者许衡、王恂先后病故，杨恭懿辞归。授时历虽然制成，但在推步方法、测验数据等方面尚未整理定稿。最初分工是王恂负责授时历的理论和推步演算，郭守敬负责仪器研制和观象测候。王恂离世后，整理授时历的任务就落在了郭守敬身上。此后几年，郭守敬整理完成了《推步》七卷、《立成》二卷、《历议拟稿》三卷等书稿。至元二十年（1283），太子谕李谦奉命撰写《历议》，"发明新历顺天求合之微，考证前代人为附会之失"，希望此历可以行用永久。最终，授时历自至元十八年（1281）颁行，到元惠宗至正二十八年（1368 年）共施行了八十八年。

改历是帝王最为重要的政事之一，为了编制新历，忽必烈采取任人唯贤、各尽所长的方式，不惜投入人力、物力和财力进行一系列天文仪器的制作以及大型天文台的建设，通过郭守敬和王恂等人的协同与配合，组建了一只高效的队伍，为历法改革提供了充分的人才。改历过程中，忽必烈还不断采纳创制新天文仪器的建议，让郭守敬负责这些仪器的设计和制造，为充分的天文观测和系统的历法改革提供了必要条件。中国古代官营天文学的优势，在这里发挥得淋漓尽致。

2 重在测验：历之根本

在如何对待实测天象方面，古代历家存有两种截然不同的观点。一种是让实测天象所得的结果迁就主观制定的历法，另一种是历法的制定当顺应、反映实测天象所得的结果，即"当顺天以求合，非为合以验天"。郭守敬认为"历之本在测验"，历法必须建立在实测天象的基础上，接受天象检验。他还以"测验之器莫先仪表"之说，建议通过制作仪表，将大量的实际测量工作付诸实践。

《授时历议》中强调："历法之作，所以步日月之躔离，候气朔之盈虚，不揆其端，无以测知天道，而与之吻合。"郭守敬在其主持的晷影、冬至时刻、日出入时刻、恒星位置、四海测验等一系列测量工作中，都无一不是"先之以精测"。

郭守敬在改历之初，曾着手对原有天文仪器进行厘正，他发现："今司天浑仪，宋皇祐（1049～1054）中汴京（今开封）所造，不与此处天度相符，比量南北二极，约差四度；表石年深，亦复欹侧。"也就是说，当时置于司天台的浑仪还是金灭北宋时，由汴京运到燕京（今北京）的。

宋皇祐年间所制仪器，由于汴京的地理纬度与燕京约有四度之差，所以必须对这批仪器进行调整。另外，圭表由于年久失修，也已倾斜不平，也需要修缮。除了修复宋代皇祐年间的旧仪器，使其继续发挥功能外，郭守敬深感仅凭旧有仪器，实在难以胜任历法改革的需求，决定新制一批天文仪器。

郭守敬设计和制作的天文仪器，从功能来看，大致分为三类：首先是用于天文测量的，如简仪、高表、景符、窥几、仰仪等；其次是用于演示天象的，如玲珑仪、浑象等；另外，还有用于安置、校正的各种辅助仪器，如候极仪、悬正仪、座正仪、正方案等。其中，玲珑仪还兼具测量和演示的双重功能，体现了一仪多用的设计思想。

以上仪器中，简仪是郭守敬发明的最重要的天文仪器。它可用于测量天体的赤道坐标、地平坐标以及真太阳时。这些测量功能，在郭守敬之前是由传统浑仪完成的。然而，传统浑仪是以赤道环、黄道环、

伟烈亚力所绘浑仪

选自 1876 年的 *The Mongol Astronomical Instruments in Peking*

地平环、白道环等诸多环圈同心安置，以窥管瞄准天体。这种结构不但运转不便，还造成视野遮掩等问题。

齐履谦在《知太史院事郭公行状》中论及郭守敬仪器时，将简仪、候极仪与立运仪三者并列，视为三种仪器。而元代姚燧（1238～1313）的《简仪铭》和明代宋濂的《元史·天文志》中，均将此三者合称为简仪。这大概是因为，郭守敬最初是分别制成了三种可独立使用的仪器，从而能够方便制作，快速投入使用，来满足观测和改历的需求。后来又将这三种仪器合并，以节省空间，更有效地发挥其各自功能。

圭表、景符与窥几可视为三种独立的仪器，但在实际使用中，他们又是不可分割的整体。相对于高大的圭表，景符与窥几是极为轻便的仪器，但它们对测量精度的提高起了关键作用。

郭守敬所制圭表"以石为之，长一百二十八尺，广四尺五寸，厚一尺四寸。座高二尺六寸。南北两端为池，圆径一尺五寸，深二寸。自表北一尺，与表梁中心上下相直，外一百二十尺，中心广四寸，两旁各一寸，画为尺寸分，以达北端。两旁相去一寸为水渠，深广各一寸，与南北两池相灌通以取平。"也就是说，圭表的圭用石铺成，为南北走向，铺设在高出地面二尺六寸的基座上。这一设计考虑观测的便利，观测者不必附身地面去读取影长。而圭面上凿有水槽，用于校正是否处于同一水平面上，圭面上则刻有尺、寸、分的刻度等，这些都是承用前代传统的方法。

古代圭表的表高一般为八尺，在实际暑影测量中，由于日光的散射，随着表高的增加，表端的暑影往往模糊不清，阻碍了测量精度的提高。郭守敬对圭表的设计进行了改进，即"表高景虚，罔象非真，作景符"。景符的创制使传统八尺圭表可以增加到四丈，为精确测量暑影铺平了道路。

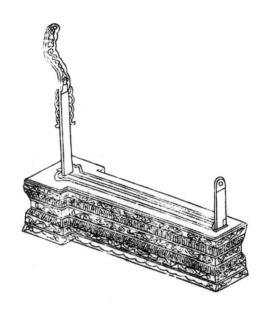

《唐土名胜图会》中的圭表

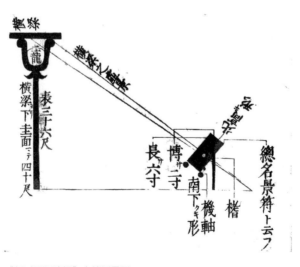

《授时历经谚解》中的测景图

古代通常以立表测影确定冬至时刻，这大约可以追溯到商代。此后漫长岁月里，人们一直只能测定冬至所在的日期，但具体时刻却因精度限制无法达到。正如《授时历议》所言：

> 刘宋祖冲之尝取至前后二十三四日间晷景，折取其中，定为冬至，且以日差比课，推定时刻。宋皇祐间，周琮则取立冬、立春二日之景，以为去至既远，日差颇多，易为推考。纪元以后诸历，为法加详，大抵不出冲之之法。

由于多数情况下，太阳并不是在冬至正午时刻运行到距赤道最远位置，所以严格说，立表测影是不能直接测量准确的冬至时刻的。对此，祖冲之提出两条假设，一是冬至日前后相同时距的晷长相等，二是一天内晷长的变化是均匀的。虽然这两条假设不是十分严密，但产生的误差很小，也就是说祖冲之发明了一种简单可靠的方法来测算冬至时刻，即分别测量冬至日前、后二十三日与二十四日正午晷长，以此来推算冬至时刻。

郭守敬在祖冲之的基础上，利用四丈高表与景符测得大量晷长数值，选取其中九十八个不同日期数据，推算出冬至和夏至时刻。最终，郭守敬"以累年推算到冬、夏二至时刻为准，定拟至元十八年（1281）辛巳岁前冬至，当在己未日夜半后六刻"，这正是授时历采用冬至时刻的来源。在冬至时刻之后，便很容易得出回归年长度值，郭守敬通过多次测验，依据"以取数多者为定"的处理方法，给出了365.2425日的回归年值。这一系列工作，完全遵从了许衡"冬至者历之本，而求历本者在验气"的指导思想，展示了中国古代冬至时刻测算以及回归年长度推算中最为精密的理论与实践。

仰仪复制品

　　仰仪是郭守敬设计的另一种多用途的仪器，"仰仪之制，以铜为之，形若釜，置于砖台。内画周天度，唇列十二辰位。盖俯视验天者也"。仰仪的外形是一中空的半球，宛如一直径约为3米的铜釜，其釜口向上，平放于嵌入砖砌的台座中。釜口处有水槽，用来校正釜口平面是否处于水平状态。仰仪是大型而巧妙的仪器，它通过小孔成像的原理，把地平上半个天球太阳的景象直接投射到绘有坐标网格的仰仪内壁上，其位置与太阳在天上的位置对称，东西和南北与天空中的方向正好相反。

　　另外，太阳光通过小孔，既可以由釜口沿十二方位测定太阳方位，又可以从赤道坐标网格直接读取太阳的赤纬值和地方真太阳时。而当遇到日食时，食相还可以连续在仰仪内壁成像，由此测定日食的初亏、食甚、复圆时刻和方位，以及食分的大小。同时，运用仰仪观测月食也可以达到类似效果。可以说，仰仪巧妙的设计，使观测日食时避免了直接观测太阳损伤眼睛的弊病。正如姚燧在《仰仪铭》中的评价，仰仪："过者（古今）巧历，不亿辈也。非让不为，思不逮也。"

事实上，授时历初成时，郭守敬所设计的一系列天文仪器并未齐备。继续制成其他各种天文仪器，是郭守敬继任太史令后的首要任务。除了各种铜质仪器，或许是受到当时伊斯兰天文学的影响，郭守敬还在如今河南省登封市告成镇新建四丈高表，这也是郭守敬在至元十八年（1281）制成的仪器之一。这种以特殊建筑形式构建的高表，是郭守敬在原先设计基础上的一种巧妙衍生。对此，元代回族诗人纳新在《河朔访古记》中记载"测影台，在登封县东南二十五里，天中乡告成镇，周公测影台石迹存焉。告成即古嵩州阳城之墟，是为天地之中也。……国朝至元十六年，太史令郭守敬奏设监候官十有四员，分道测景。十八年奉敕于古台之北筑台，高三十六尺，中树仪表，上为四铜环，规制极精致，命有司营廨舍门庑。又于古台新台南建周公之庙以祀之。其碑则河南宪史李用中撰文也"。

3 继以密算：历法革新

授时历除了注重天象测验，在历法的推算方法上也是极为用力，其中最为突出的就是弧矢割圆术和平立定三次差内插法。

弧矢割圆术的创用是授时历在数学方法上的一大成就，从数学角度来看，这种方法相当于球面三角法中求解直角三角形，开辟了中国

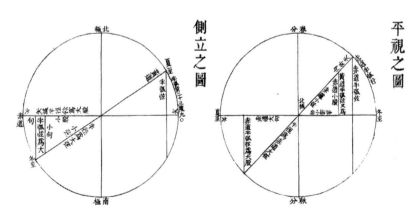

《明史·历志》中弧矢投影的"侧立之图"和"平视之图"

古代通往球面三角法的途径。弧矢割圆术的精髓在于多次反复地使用北宋沈括发明的"会元术"，并配合投影和相似三角形各线段间比例关系，从而实现历法中"赤道积度""赤道内外度"等推算。

弧矢割圆要解决的问题，相当于现代天文学中已知太阳的黄道经度，求其相应的赤经与赤纬度数，即前代历法中计算黄赤道宿度变换和太阳视赤纬两大问题，这也是郭守敬所言授时历"创法凡五事"中的第三项和第四项。其中，"三曰黄赤道差。旧法以一百一度相减相乘，今依算术勾股弧矢方圆斜直所容，求到度率积差，差率与天道实吻合"；"四曰黄赤道内外度。据累年实测，内外极度二十三度九十分，以圆容方直矢接勾股为法，求每日去极，与所测相符"。

自汉代张衡（78～139）到唐代边冈，传统历法进行黄赤道宿度的变换，都采取在圆球上量度赤道宿度（α）与黄道宿度（ι）之间

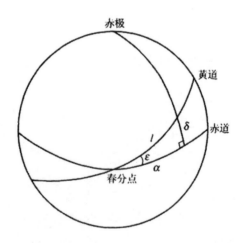

黄赤道宿度变换示意图

图中 α 为赤经，δ 为赤纬，ι 为极黄经，ε 为黄赤交角

的进退变化。后来历法，通过归纳法给出黄赤道宿度之间变换的结果，主要是在经验性测算的基础上，运用一次差内插法进行，边冈之后的历法则多采用二次差内插函数。

同样，前代历法在计算太阳视赤纬（δ）时，也是基于测量二十四节气的太阳视赤纬值为主。然后，逐渐使用一次或二次差内插法来计算，边冈之后的历法则多采用四次函数。也就是说，授时历之前的历法，在黄赤道宿度差和太阳视赤纬方面一般用经验性测算和数学方法推算相结合的方法；而郭守敬和王恂在历法原理和数学方法上又前进了一步，采用弧矢割圆理论来实现这些计算。据研究，采用弧矢割圆术后，授时历黄赤道宿度差的准确度为历代较佳者，太阳视赤纬的平均误差为0.11度，也是相当准确的。

授时历的另一密算创新是平立定三次差内插法。在中国古代，内插法又称为招差术，当已知两个不同时间天文量，欲求两个时间之间任一时刻的天文量，就需要内插法来推算，这也是用数学方法去拟合的两个时间之间天文量变化的尝试。

在隋代刘焯皇极历之前，传统历法基本都是采用一次差内插法，即将两个时间之间天文量视为匀速变化，也就是假设天文量随时间的推移只呈现简单的线性变化。后来，人们逐渐发现日、月和五星的运行不是匀速的，而是匀变速的，所以开始使用二次曲线来拟合行星运动的变化，这样要比一次差内插法拟合的结果准确得多。然而，日、月和五星实际运动的变化远比二次曲线复杂，三次差内插法于是便应运而生。

在授时历中，推算日、月和五星的不均匀运动改正时，皆采用了三次差内插法。其中，关于太阳实行与平行位置之差被称为盈缩差，月亮实行与平行位置之差被称为迟疾差。此外，授时历还用同样类似

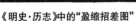
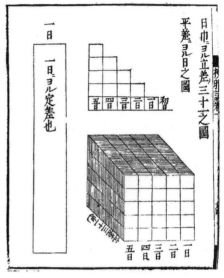

《明史·历志》中的"盈缩招差图"　　　《授时历经谚解》中的"平立定三差之图"

的方法给出五星运动的不均匀改正。其中，计算"太阳盈缩"和"月行迟疾"也被认为是授时历"创法凡五事"中的前两项，具体而言"一曰太阳盈缩。用四正定气立为升降限，依立招差求得每日行分初末极差积度，比古为密"；"二曰月行迟疾。古历皆用二十八限，今以万分日之八百二十分为一限，凡析为三百三十六限，依垛叠招差求得转分进退，其迟疾度数逐时不同，盖前所未有"。

小知识◎简仪

简仪是郭守敬创造的一种天文仪器，因将结构繁复的唐宋浑仪加以革新简化而成，故名"简仪"。中国传统浑仪的

伟烈亚力所绘简仪

选自 1876 年的 *The Mongol Astronomical Instruments in Peking*

结构经历了由简单到复杂的过程，从两重发展到三重，从只有赤道环发展到增添黄道、白道等诸环，但在其发展的同时也产生了诸多弊端。例如，多环叠套的结构给精密制造带来了困难，环数越多，被遮蔽的天区也就越多，从而影响了观测。而且仪器结构越复杂，越是难于操作。

北宋时期，沈括就曾指出唐代僧一行等人的浑仪操作复杂，导致"失于难用"，于是决定创制新浑仪，简化其结构。如取消白道环、缩小某些部件的横截面积，以及调整黄道、赤道及地平诸圈的位置来减少遮挡等。不过元代郭守敬设计制造的简仪可以说比沈括的改进更加彻底。对于简仪，清代梅文鼎有评论："用二线以代管窥，可得宿度余分，视古为密"；"去其繁复之累与测时掩映之患，以较浑仪，不啻胜之"。

郭守敬的简仪主要由一架赤道经纬仪和一架地平经纬仪

构成，底座上还有水平槽，并装有正方案，用以校准仪器的水平和朝向。简仪摒弃了将三种不同坐标的圆环集于一体的方法，除了废除黄道坐标环组，还将地平和赤道两个坐标环组独立地分解，即如今所谓的地平经纬仪和赤道经纬仪。此外，还废弃了浑仪中的一些圆环，赤道装置中仅保留四游、百刻、赤道三个环。地平装置中除了地平环外，则另增加了一个立运环。简仪有北高南低两个支架，支撑可以旋转的极轴，其赤道经纬仪部分与现代望远镜中的赤道装置结构基本相同，轴的南端有固定的百刻环和游旋的赤道环，不像浑仪那样有许多妨碍观测的圆环。所以除北天极附近天区外，能对全部天空一览无余。

简仪的地平经纬仪部分称为立运仪，与近代的地平经纬仪类似。它包括一个固定的地平环和一个直立的、可以绕铅垂线旋转的立运环，还有窥衡与界衡各一，用来测量天体的地平高度和方位角。此外，简仪还提高了刻度划分的精细程度。元以前的仪器通常只能精确到一度的十二分之一，简仪百刻环的每刻被等分为三十六分，四游环每度被等分为十分，相比唐宋浑仪有了较大进步。

简仪在元至元十三至十六年（1276～1279）制成，和仰仪一起安装于元太史院。明英宗正统四年（1439）又曾按郭守敬所制仪器仿制过简仪一架，这些仪器直到清代初年还保存于北京的观象台，用于观测。然而，康熙五十四年（1715）传教士纪理安（Bernard-Kilian Stumpf，1655～1720）在制造地平经纬仪时将其熔炼为废铜。所幸正统四年的复制品得以完好保存，抗日战争前被迁往南京，如今陈列于紫金山天文台。

◎登封观星台

　　登封观星台位于河南省登封市东南15公里处的告成镇，是我国现存的历史最久的天文台（该台现为全国重点文物保护单位）。此地原为阳城县，武周于696年封嵩山，改阳城为告成，后改阳邑，五代唐复称阳城。阳城在古代被认为是"地中"，《周礼》中就有介绍如何通过土圭测日景求地中，认为地中的日景，当使用八尺表时，夏至影长为"尺有五寸"，并认为"王畿千里，影移一寸"，即位置在南北每相差一千里处，影长相差一寸。在唐代南宫说进行的天文大地测量后，这种观点被证明舛误。

　　由于郭守敬设计的高表景符等安置于此，并配套有观

登封观星台

测台等建筑，使得登封观星台成为一个完整的天文台。这也是郭守敬主持全国大规模天文观测的二十七个观测点中的一个，即《元史·天文志》中记载的河南府阳城。

观星台建筑面积约300平方米，呈覆斗状，四面有石级盘旋而上，台面高9.46米，边长约8米，上有小屋两间，系明嘉靖七年（1528）侯泰修理时所建。《登封县志》记载："嘉靖九年（1530），巡按河南何天衢言：登封旧有测景、观星二台，周公遗迹也。土圭表漏俱存，乞敕委官考正制度，刻之史册。从之。"另据嘉靖《登封县志》记载："观星台在测景台北……有磨石三十六块……今已失其一，后又有亭……正德十五年（1520），河南按察使陈凤梧建。"

观星台的圭表在元代可能为铜制，据《元史·世祖本纪》："至元十六年春二月癸未，太史令王恂等言……宜增铜表高至四十尺……又请上都、洛阳等五处分置仪表……从之。"元亡后，明太祖下令将观星台的天文仪器全部运往南京。明代永乐四年（1406）迁都北京后，这些仪器未能迁回。

◎弧矢割圆

古代希腊、印度和阿拉伯国家的天文学家从很早就创用了球面三角法，来解决天文学方面的计算问题。隋唐之际，印度天文学传入我国，如九执历中就介绍有正弦表，但球面三角法在中国基本上未被重视。

由于中国传统数学中没有角和三角函数的概念，因此历法计算多用代数方法而非几何方法。宋代沈括在《梦溪笔谈》

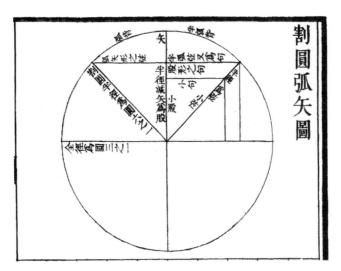

《明史·历志》中的"割圆弧矢图"

中首创"会圆术"，把割圆术方法应用于推算弧、弦、矢的
关系，给出了一个由弓形中弦和矢的长度来求弧长的近似公
式，王恂和郭守敬在此基础上发展出"弧矢割圆术"。

"弧矢割圆术"在授时历中被广泛采用，由此可推算黄
赤道积度、黄赤道差、黄赤道内外度和去极度、日出入昼夜
时刻等。授时历还依此编算出相应的立成表，大大方便了推
算。不过弧矢割圆虽然开辟了通向球面三角学的新途径，但
这一新方法此后却未能得到很好的发展。16世纪末，当系统
引进西方数学知识后，球面三角法才在中国的天文和历法计
算中得到广泛应用。

二 授时历及其成就

授时历作为中国古代传统历法的巅峰之作，不但继承了此前历法的诸多优点，还有着大量的创新和改革，这其中最为突出的就是"创法者凡五事"以及"考正者凡七事"，皆为授时历的历法精髓所在。

1 创法五端，改正七事

授时历是集古历之大成者，它吸收了传统历法的各项优点，如梅文鼎就曾言"授时历集古法之大成。自改正七事，创法五端外，大率多因古术。故不读耶律文正（楚材）之庚午元历，不知授时之五星；不读统天历，不知授时历之岁实消长；不考王朴之钦天历，不知斜升正降之理；不考宣明历，不知气、刻、时三差"。而授时历之所以能超越前代历法，自然与其诸多创新和改革有关，如"所创法者凡五事"和"所考正者凡七事"，这也是其最为卓越的成就所在。其中，创法五事是对天文计算的改革，而考正七事都是对天文数据的重新测定。

创法五事分别为"太阳盈缩""月行迟疾""黄赤道差""黄赤道内外度""白道交周"，也就是分别求太阳在黄道和赤道上的运行位置、求月亮在白道上的运行位置、从太阳的黄道经度推算出赤道经度、从太阳的黄道经度推算赤道纬度、求月道和赤道交点的位置。在前两事"太阳盈缩"和"月行迟疾"中，授时历采用了招差术和高次方程数值解法。至于后三事，"黄赤道差""黄赤道内外度"和"白道交周"，分别是有关黄道、赤道、白道三道的计算问题，授时历对

《燕京开教略》中的"元钦天监郭守敬像"

此采用了"弧矢割圆术"。

考正七事分别指测验冬至、岁余、日躔、月离、入交、二十八宿距度和日出入昼夜时刻。其中，考正冬至是关于冬至时刻的测算，郭守敬从至元十三年（1276）立冬后，历时三年多用四丈圭表每日观测日影。《元史·历志》就记载有自至元十四年十一月十四日（1277年12月10日）到至元十七年正月初一日（1280年2月2日）的九十八次实测影长记录。郭守敬改进了刘宋祖冲之以及北宋周琮、姚舜辅等人计算冬至时刻的方法，利用这些实测结果，灵活地前后互取，共获得四十五组影长，并推算得到四十五个至日时刻值，以此求得至元十四年冬至和至元十四及十五年冬、夏至时刻的精确值。

考正岁余是关于回归年长度的测算。郭守敬等人使用"自刘宋大明历以来，凡测景验气得冬至时刻真数者有六"，再加上新近实测的冬至时刻，得到相应的积日数，再以相距的积年数相除，从而算得回归年的长度。

考正日躔是关于冬至时太阳所处恒星间位置的测算。其中采用后秦姜岌发明的月食冲法，同时依据"日测太阴所离宿次及岁星、太白相距度，定验参考"[1]。这项工作"起自丁丑（1277）正月至己卯（1279）十二月，凡三年，共得一百三十四事"，此后又经反复推验，得到历元年"冬至日躔赤道箕宿十度，黄道箕九度有奇"。根据现代理论，当年太阳赤道位置在箕宿 10.22 度，也就是说，测算误差仅为 0.22 度，这样的精度在我国古代历法中是相当高的。

考正月离是关于月亮在一个近点月中运动的状况及其经过近地点时刻的测量。即从 1277 年到 1280 年间，"每日测到逐时太阴行度"，共获取月亮运动"极迟、极疾并平行处"，共三十事。它确定了历元年冬至与其前月亮过近地点时刻间的时距为"一十三万一千九百四分"，即 13.1904 日，这与现代理论的误差只有 0.146 日，是历代测量结果的最佳值之一。

考正入交是关于月亮过降交点时刻的测算。其方法是"每日测到太阴去极度数，比拟黄道去极度"，当两去极度相等时，即为月亮过黄白交点的时刻，最终测量"共得八事"。给出结果"二十六万二千一百八十七分八十六秒"，即 26.218786 日，也就是实测历元年冬至与其前月亮过降交点时刻间的时距，这与现代理论的误差为 0.34 日。不过，这一精度实际上并不太理想。

---

[1] 即测定太阳与月亮、木星或金星之间的度距。再"于昏后明前验定星度"，测定月亮、木星或金星当时所在恒星间的宿度，以此来推算出冬至时太阳所处位置。其中金星定验日躔法，为北宋姚舜辅所发明，郭守敬将其推广，将观测对象增加到月亮和木星。

考正二十八宿距度是对二十宿距度所做的重新测量。测量的平均误差仅 0.075 度，是历代测量精度最高的一次。

考正日出入昼夜时刻是关于北京每日太阳出入时刻和昼夜时刻长度的测算。授时历给出"冬至昼、夏至夜，三千八百十五分九十二秒"和"夏至昼、冬至夜，六千一百八十四分八秒"，总体来看实际误差只有十分钟左右。

2　集古之大成，比于前代洵为密

授时历被认为是中国传统历法的巅峰之作，在精度上超越了此前的各种历法。在颁用之后，人们对其赞誉不断。元代学者赵世延（1260～1336）在《经世大典序录》中就指出"征名儒作授时历，为仰仪、简仪及诸仪表，创物之智有古人未及为者。于是测验之所……凡二十七，是亦古所未备者也。……主于随时考验以与天合，则无前代沿袭傅会之弊，此亦古所未能用者也。"这是对授时历的编修及郭守敬仰仪、简仪等天文仪器的制作，四海测验，顺天求合的历法思想和实践给予的最为中肯的评价。

明代天文学家邢云路（生卒年不详）认为："唐宋以来，其法渐密，至元授时历乃益亲焉。……郭守敬乃测验周至，改作始精"；"自古及今，其推验之术，独此为密近"。同样，徐光启（1562～1633）也认为"授时历本元初郭守敬诸人所造，而大统历因之，比于汉唐宋诸家诚为密近"，他还强调"元郭守敬兼综前术，时创新意，以为终古绝伦。后来学者，谓守此为足，无复措意。……即有志之士，殚力研求，无能出守敬之藩。更一旧法，立一新仪，确有原本，确有左验者，则是历象一学，至元而盛，亦至元而衰也"，"据臣等所见闻，近世言历诸家，

郭守敬及其简仪邮票

大都宗郭守敬旧法"，这些都是对授时历将古代历法推向高峰的称颂。

对于为何授时历能获得如此成就，徐光启认为"守敬之法，三百年来世所共归推，以为度越前代，何也？高远无穷之事，必积时累世乃稍见其端倪。……郭守敬集古之大成，加以精思广测，故以差仅四五刻，比于前代洵为密矣。若使守敬复生，今世欲更求精密，计非苦心极力，假以数年，恐未易得"。可见，徐光启将授时历"度越前代"的成功归因于郭守敬"精思广测"和"积时累世"的观测实践，这也是郭守敬天文历法思想的精髓。

入清之后，承用授时历的大统历也逐渐退出了历史舞台，自1645年开始颁用采用西洋新法的时宪历。清世祖顺治皇帝（1638～1661）曾指出"若夫汉之太初，唐之大衍，元之授时，俱号近天，元历尤为精密"，依然对这部著名的传统历法深怀敬意。清代历算第一名家梅文鼎也评价"授时历不用积年，一凭实测，故自元迄明，承用三四百年法无大差。以视汉、晋、唐、宋之屡差屡改，不啻霄壤。故曰：授时集诸家之大成。盖自西历以前，未有精于授时历者也。"事实上，梅文鼎之所以能成为历算名家，也与他长期深入研究授时历有关。梅文鼎曾言，他年轻时读《元史》"始知许文正（衡）、郭若思（守敬）诸公测验之精、制器之巧，叹授时历法之善。"

在张廷玉（1672～1755）主编的《明史·历志》中，也对授时历有相当精辟的评论："授时历以测验、算术为宗，惟求合天，不牵合律吕、卦爻。"可以说，这也是清代早期学界对授时历的共同评价。阮元（1764～1849）在《畴人传》中也认为："推步之要，测与算二者而已。简仪、仰仪、景符、窥几之制，前此言测候者未之及也。垛叠招差、勾股弧矢之法，前此言算造者弗能用也。先之以精测，继之以密算，上考下求，若应准绳，施行于世，垂四百年。可谓集古法之大成，为将来之典要者矣。自三统以来，为术者七十余家莫之伦比也。"直到清末，在中国传统历法已经被弃用几个世纪后，魏源（1794～1857）还认为："有元一代制度，莫善于历，历出于郭守敬，全凭实测，不事虚算，故西洋未至以前，惟授时历为无弊。盖前代历元，多以大衍蓍乐律配合起算，纵有更改，不过随时考验，以合于天而已。"

3 千古之冠，行之无弊？

元成宗大德七年（1303）"诏内外官年及七十，并听致仕，公（郭守敬）以旧臣且朝廷所施为，独不许其请。至今翰林、太史司天官不致仕者，咸自公始"。朝廷的这一诏令，诏除集贤、翰林老臣预议朝政以外，三品以下，年七十者，各升散官一等致仕。此时，郭守敬作为七十三岁的老臣，原本应该致仕回家，却不能正常退休。就在不久前，大德六年（1302）"六月癸亥朔，日有食之。太史院失于推策，诏中书议罪以闻"。这说明授时历在颁行后尚有很多不足之处，仍需再经过观测，对历法做进一步修订。

大德七年郭守敬因朝廷所施为，而未能获准退休之事，是否与前一年"太史院失于推策"有关，我们不得而知，但直到郭守敬晚年，他还需继续领导太史院完善失于推策的历法却是不争的事实。这也说明一部优秀的历法是需要不断地修订完善，才能尽可能长久使用。杨恭懿和王恂等就曾指出"日日考测，积月为岁，积岁为世，必于历法益精益密"，才能"正数十年一改之弊"。另有记载，当齐履谦任太史院使时，授时历已经行用了大约半个世纪，齐履谦通过"目测晷景，并晨昏五星宿度"，发现历法已经产生偏差，不得不在历书中将至治三年（1323）的冬至到泰定二年（1325）的夏至，从原来推算的时刻中各减去二刻。

前文已经提到，中国古代历法常陷入"行久必差"的魔咒中，授时历即便拥有诸多创新，推算非常精密，一旦长久使用之后，误差必然逐渐增大。况且授时历自身算法中也存在不少缺陷，徐光启就曾指出："守敬之法，加胜于前多矣，而谓其至竟无差，亦不能也。如时差等术，盖非一人一世之聪明所能揣测，必因千百年之积候，而后智者会通立法，若前无绪业，即守敬不能骤得之。"他还批评："《元史·历议》言考古证今，日度失行者十事，夫巳则不合，而归咎于天，谬之甚也。"另外，明末朱载堉（1536～1611）也指出"授时减分太峻，失之先天"，邢云路更是认为"元授时历成，著为《历经》，自谓推算之精古今无比，不知立法不善，未久辄差"。

此外，中国传统历法通常对于日月交食的推算极为重视，但在五星运动方面往往不是特别擅长，尤其是在五星位置计算上只能推算赤经，而无法推算纬度，这也是中国古代历法的通病。对此，梅文鼎也有评论"五星之迟、疾、逆、留……虽授时历号称精密，而于此未有精测，至西历乃能言之"。相对于回回历法和西洋历法，授时历的这些不足，也使其在推算五星凌犯等方面有着不小的缺陷。

总而言之，授时历相对于古代历法的总体水平而言，具有相当高的精度，但作为传统观测手段和数学方法的产物，授时历的一些误差也是我们所无法忽视的。也就是说，在一定的历史阶段，授时历满足了各种天文历算的需求，但随着误差的增大以及人们对历法精度判定标准的提高，授时历终究不能像最初期望的那样，"虽百世后，亦不复有先后时之弊"。

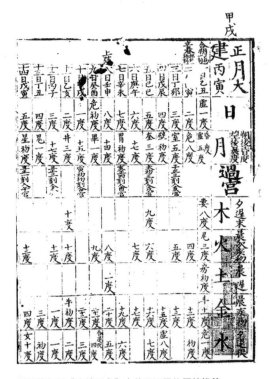

明正德年间《大统历书》中关于五星位置的推算

小知识◎王恂

　　王恂，字敬甫，中山唐县（今属河北）人，元代数学家、天文学家。其父王良，为金末中山府掾，后弃官，"潜心伊洛之学，及天文律历，无不精究，年九十二卒"。王恂三岁便认字，其母授以千字文，过目能诵。他"六岁就学，十三学九数，辄造其极"，少年时代的王恂在数学方面已有很高水平。1249 年，"太保刘秉忠北上，途经中山，见而奇之"，因欣赏王恂聪明好学，便收其为徒，随后王恂便"从秉忠学于磁之紫金山"。1253 年，他被刘秉忠引荐给忽必烈，进见于六盘山，忽必烈命他辅导裕宗，作为太子伴读。忽必烈登位不久后，王恂又被提为太子赞善，后升为国子祭酒。

至元十三年（1276）奉命改历，议修金大明历。不久，忽必烈又改太史局为太史院，扩充编制，以王恂为太史令，郭守敬为同知太史院事。其中，郭守敬主要负责天文仪器的改进、创制及天文观测，王恂主要负责计算和推演，遍考历书四十余家。王恂在改历工作中的数学贡献巨大，世人对其评价甚高。

然而，由于王恂英年早逝，未能亲自"测验修改"和完善授时历。郭守敬继承他的遗志，经过多年的实测和推算，进一步修订授时历，并整理完成《推步》《立成》《历议拟稿》《上中下三历注式》等有关著作。

◎四海测验

至元十六年（1279）到十七年（1280），郭守敬领导进行了一次全国范围的天文大地测量，史称"四海测验"。这次测量的范围东至朝鲜半岛，西抵川滇和河西走廊，南至南中国海，北至西伯利亚，南北长 5000 多公里，东西横跨2500 公里。郭守敬认为自从公元 8 世纪一行和南宫说进行大规模天文大地测量之后，500 余年里在大地测量方面几乎没有任何突破性进展，而元朝疆域广阔，必须在更大的地区范

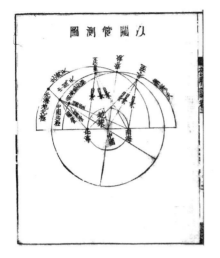

《授时历经谚解》中的"以窥管测图"

围内进行新测量。

由于一行的大地测量主要是为了考证"地隔千里影差一寸"的先儒旧说，而郭守敬的测量计划是为编制历法服务。郭守敬还提出要验证日月交食分数、时刻之不同，验证昼夜长短不同，论证日月星辰去天高下不同，这些都离不开天文大地测量。所以这次四海测验的范围比此前要广阔得多，测量内容也要丰富得多。测量过程中，郭守敬分派十四名监候官分道而出。他本人亦亲自参与，从大都出发，至上都再折而往南，经过河南阳城等地，一直到南海。

四海测验的二十七个观测点中，先选取有六个点，按里程纬度各相差十度。这六个观测点以及大都观测点观测较为精细。其余二十个点遍布各地，除少数建有高表外，多数用八尺之表观测夏至日影长度，并测算各地昼夜时刻和北极出地高度。与现代值相比，测验的地理纬度平均误差在0.2度至0.35度之间。

三 授时历的延续

——大统历

明代大统历可以说是授时历的翻版和延续，明初钦天监监正元统认为元代授时历已经"年远数盈，渐差天度"，因此他对授时历"拟合修改"，并"分门列数"编修《大统历法通轨》，使得授时历以一种新的方式继续传承下去。

1 成一代之历制：
朱元璋的“历法宏图”

中国古代帝王自古就有将军国大事和灾异事件与天象进行联系的文化传统，明太祖朱元璋（1328～1398）也不例外，他对星占“天象示警”的功能极为依赖。《明太祖实录》和《太祖皇帝钦录》等资料就记载有朱元璋利用天象和星占指导行军作战的诸多材料，如朱元璋经常将最新的天象信息及其星占解释传递给前线将领；在需要进行重大军事决策时，他甚至还要亲自观测天象，如至正二十一年（1361）八月刘基（1311～1375）在解释“金星在前，火星在后”这一天象时，提出进攻陈友谅的建议，朱元璋表示赞成，还回应称“吾亦夜观天象，正如尔言”。

朱元璋有长期观测天象的习惯，甚至有时达到痴迷的程度，《明太祖实录》记载有“朕自即位以来，常以勤励自勉。未旦即临朝，晡时而后还宫。夜卧不能安席，披衣而起，或仰观天象，见一星失次，即为忧惕；或量度民事，有当速行者，即次第笔记，待旦发遣”[1]。《九

---

[1]《明太祖实录》卷一百一十五。

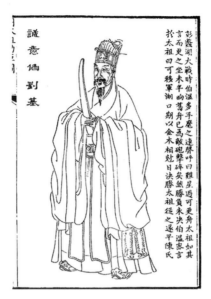

誠意伯劉基

彭蠡湖大戰時伯温多厭之遽舉呼曰難星過可更舟太祖如其言而更之坐未平的舊舟已為敵砲擊碎矣然勝負未決伯温家言於太祖曰可移軍湖口期以金木相趟日決勝太祖徙之逐平陳氏

《明太祖功臣图》中的刘基像

朝谈纂》也记载朱元璋"每夕膳后自于禁中露坐，玩索天象，有达旦不寐者。盖上兼善推测，于天心无不洞然也"。

朱元璋不仅要求通过天象观测进行星占，他还希望通过预测天象来提前进行天象的占验。洪武三十年（1397）六月丁亥在平定西南的作战中，朱元璋就根据事先预知的天象来判断军事：

> 敕楚王桢、湘王柏曰："前者命尔兄弟以七月二十以前，进兵征剿洞蛮。今占天象，太白七月三日伏，兵未可行，十月二十三日当夕见，西方太白出高，深入者胜，此用兵所当知也。"[1]

---

[1]《明太祖实录》洪武三十年（1397）六月丁亥日条。

朱元璋最初计划让楚王朱桢和湘王朱柏在七月二十日之前出兵征剿洞蛮，由于在该年六月初七他就已经预知金星会在七月三日伏而不见，他据此认为，倘若在此期间出师可能会有所不利，于是根据天象预测重新进行了军事部署。

在古代，完成一次星占，通常需要被动地等待天象的出现，然后才能据此进行占验。倘若能在实际天象发生之前预知某些天象信息，就能实现提前占验，从而尽早采取应对措施。但要提前预知准确的天象就必须依靠精确的历法推算，因此朱元璋对当时历法推算的精度提出了更高的要求。

朱元璋自起兵之初就很重视对天文和历法人才的收揽，至正二十六年（1366）三月丙申曾"令府县每岁举贤才及武勇谋略、通晓天文之士，其有兼通书律、廉吏亦得荐，举得贤者赏"[1]。在他看来，通晓天文之士和有武勇谋略之人一样都是最为紧缺的人才，甚至认为天文人才比通书律及勤廉和熟悉政务的一般人才更为重要。另一个典型的例子是至正二十二年（1362）刘基丁忧回家葬母，临走之前为朱元璋进行天象占测，结果各项预言皆都应验，这使得朱元璋对刘基的天象占测深信不疑，甚至夸他"以天道发愚，所向无敌"，为了劝刘基能够尽早返回为其服务，朱元璋还亲笔给刘基写信，态度极为诚恳。

为了控制和培养天文历法人才，朱元璋还在洪武十四年（1381）十月壬申二十一日定考勃之法，对这些人才格外重视，下令钦天监官"不在常选，任满黜陟，俱取自上裁"[2]。为了扩充和培养天文人才，洪武二十年（1387）十一月丁亥十一日又"命礼部选天下阴阳官子孙，

[1]《明太祖实录》至正二十六年（1366）三月丙申十四日条。
[2]《明太祖实录》洪武十四年（1381）十月壬申二十一日条。

鸡鸣山钦天监观星台图
选自明刊本《金陵梵刹志》

年十二以上二十五以下，质美而读书者，赴京习天文推步之术"[1]。

朱元璋时期还兴建了多处观象台，《明太祖实录》记载的就有四次：至正十八年（1358）十二月甲申二十日"建观星楼于分省治之东偏"；洪武五年（1372）七月甲寅初九"建中都观象台于独山"；洪武七年（1374）七月壬辰二十九日"造观星台于中立府，命钦天监令管豫往，董其事"；洪武十八年（1385）十月丙申初八"筑钦天监观星台于鸡鸣山，因雨花台为回回钦天监之观星台"。此外，朱元璋还下令制造了一批天文仪器，如洪武十七年（1384）七月丙午初十"制钦天监观星盘"，

[1]《明太祖实录》洪武二十年（1387）十一月丁亥十一日条。

洪武二十四年（1391）四月戊辰十一日"铸浑天仪成"等。

朱元璋时期最重要的历法工作是编修了《大统历法通轨》。洪武十七年（1384），他提拔钦天监漏刻博士元统为监正，使得元统能够在郭伯玉等人的支持下主持编修《大统历法通轨》[1]。虽然元统所编修的《大统历法通轨》在推算方法上仍旧以元代的《授时历经》为基础，但元统等人还是遵循了郭守敬"其诸应等数，随时推测"的思想，对部分"应数"进行了调整，并结合新的"应数"对交食算法做了一些明显的改进，使得大统历在明初交食推算的精度上相比之前的授时历有了一定的提高。

除了编修传统的大统历，朱元璋对西域传入的回回天文学也是情有独钟。回回天文学在日月及五星黄道纬度的计算上有着大统历所无法比拟的优势，它能够比较精确地推算月亮与五星凌犯，在星占的运用上有着巨大的价值。正是因为回回天文学的这一优势，朱元璋要求编修《大统历法通轨》的同时，还要求编修《回回历法》，以使两种历法可以相互参照使用，甚至还产生了将两种历法进行"会通"的想法，虽然这一努力最终没能实现，但在他的支持和鼓励下，也取得了一些阶段性成果。例如，韩国首尔大学奎章阁图书馆保存有当年元统编修的《纬度太阳通径》一书，该书在李朝世宗年间传入朝鲜并重印。

《纬度太阳通径》的具体内容是将回回历法太阳计算部分的天文年岁首从回回历传统的春分换算到中国历法通用的岁前冬至。元统在该书中也透露编写此书的原因即"有经无纬，不显其文。有纬无经，岂成其质。文质兼全，然后事备，谅二法可相有而不可相无也。尚矣洪武乙丑（洪武十八年，1385 年）冬十一月钦蒙圣意念兹，欲合而为

---

[1]《明太祖实录》洪武十七年（1384）闰十月丙辰二十二日条。

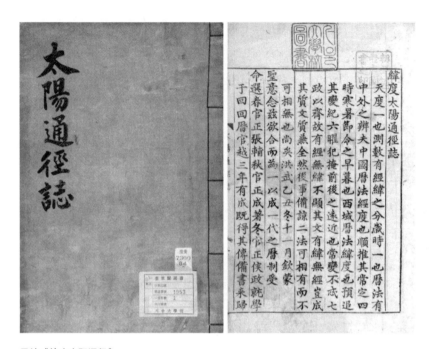

元统《纬度太阳通径》
韩国首尔大学奎章阁图书馆藏

一，以成一代之历制"。由于朱元璋对天文和历法的关注，他对历算的发展有着很高的期望，这也促使了明初对授时历的完善以及随后对大统历的撰修。

2 分门列数，颇得精详：
元统的《大统历法通轨》

据《明太祖实录》记载，明太祖颁布大统历的最早时间是吴元年
（1367），具体推算及刊印工作由刘基和高翼负责。不过，当时所颁
布的应该只是每年的《大统历书》，而大统历法的正式编修则要稍晚
一些。[1]其实，据史料记载明代官方大统历法推算所依据的书籍名为《大
统历法通轨》，该书由元统在郭伯玉等人的协助下完成，其颁布和使
用的时间应该在洪武十七年（1384）之后。例如，《明史·历志》中
就记载有：

> （洪武）十七年闰十月，漏刻博士元统言："历以《大统》
> 为名，而积分犹踵《授时》之数，非所以重始敬正也。况《授
> 时》以至元辛巳为历元，至洪武甲子积一百四年，年远数盈，
> 渐差天度，合修改。七政运行不齐，其理深奥。闻有郭伯玉者，
> 精明九数之理，宜征令推算，以成一代之制。"报可，擢统

---

[1]《大统历书》或称为《大统历日》，明代早期历书的推算可能是依据了授时历的方法。

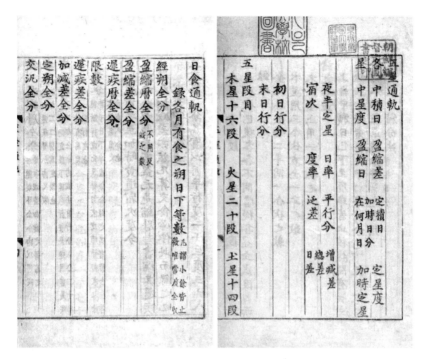

元统《大统历法通轨》
韩国首尔大学奎章阁图书馆藏

为监令。统乃取《授时历》，去其岁实消长之说，析其条例，得四卷，以洪武十七年甲子为历元，命曰《大统历法通轨》。[1]

《大统历法通轨》又分为《历日通轨》《太阳通轨》《太阴通轨》《交食通轨》《五星通轨》和《四余躔度通轨》。据日本国立公文书馆藏周相刊印《大明大统历法》序言"历原"记载，该书的成书过程如下：

---

[1] 张廷玉：《明史》，志第七，历一，中华书局，1974年。

洪武初年，首命监正元统而厘正之。统上言："一代之兴，必有一代之历，随时修改以合天度。"其元《授时历经》，玄奥而难明，历官难于考步。遂作《大统历法》四卷，分门列数，颇得精详。步日躔曰《太阳通轨》、步月离曰《太阴通轨》、步交食曰《交食通轨》、步五星四余曰《五星四余通轨》，俾历官便于推步，至今遵而用之。[1]

从编排结构来看，《大统历法通轨》中的这几部著作实际上是把传统历法中的各个部分分别以专题形式来介绍和讨论。例如，《历日通轨》主要讨论一年的月份、日期、朔望、节气、土王日、灭日和没日等的计算，相当于《授时历经》的"步气朔"部分；《太阳通轨》讨论太阳运动的计算，相当于《授时历经》的"步日躔"部分；《太阴通轨》讨论月亮运动的计算，相当于《授时历经》的"步月离"部分；《交食通轨》讨论日食与月食的计算，相当于《授时历经》的"步交会"部分。只不过为了不使读者在使用时产生混淆，书中对日食和月食分开讨论，编成《日食通轨》和《月食通轨》两部分，而不是像之前的《授时历经》，将二者放在一起讨论；《五星通轨》讨论五大行星运动的计算，相当于《授时历经》的"步五星"部分。

从具体内容来看，《大统历法通轨》也与作为其基础的《授时历经》不太相同。如《授时历经》对日、月、五星的计算主要以函数的应用为主（即招差公式），而将采用查立成表进行计算的方法称为"又术"。《大统历法通轨》则主要依赖于根据公式事先编算的立成表，通过查表法进行计算，从而简化了计算过程，尤其是最大程度地避免了大量

---

[1] 周相：《大明大统历法》，日本内阁文库藏本。

刘信编辑《大统历法通轨》
中国科学院国家科学图书馆藏

的乘方运算。对于其他具有固定周期的函数，书中也都转换成了表格。这样，使用者只需进行简单的加减乘除计算，就可以按照书中指示的步骤完成各项天文推算。元统甚至还把全书的计算设计成表格，并留出空位。使用者只要按照表格所示的步骤，按图索骥，将每步计算的结果填入表格中指定的位置，就可以逐步完成全套的计算。

从现存版本来看，明朝早期的历法官员似乎也在不断地对《大统历法通轨》进行调整和补充。例如，韩国首尔大学奎章阁藏《太阳通轨》中"推赤道法"和"求黄道日度法"下的两个"假令"算例都是以"永乐二十一年甲辰（1423）"为给定时间，明显不是元统原书中的内容，而是后人补充的。此外，正统年间（1436～1449）钦天监夏官正刘信也曾重新编辑过《大统历法通轨》。

3 明用大统，实即授时？

《明史·历志》记载自洪武二十六年（1393）开始"自是大统历元以洪武甲子，而推算仍依授时法"[1]，容易使人误以为元统的《大统历法通轨》最终并没有得到实际采纳。也就是说，有观点认为明代大统历作为授时历的延续，只在历元上做了调整，将至元十八年（1281）改成洪武十七年（1384），"应数"也仅在历元的变动下，对数值做了等效的变换，其实际使用效果并没有改变，在使用过程中仍然可以采用至元十八年为历元。然而，事实果真如此吗？大统历是否就是授时历更换一个名称而已呢？

授时历之前的历法基本上以"上元"为历法推算的起点，由于以上元作为起算点，无形中会将"积年"的误差带入历法的推算，从而使得在推算精度上很难有进一步的提高。自授时历开始，历法推算的起点使用实测历元的方法，这一方法的使用成为中国传统历法的重要变革之一，并且也被后来历法所沿用。随着实测历元的采用，作为实

---

[1] 张廷玉：《明史》，志第七，历一。

测历元的产物，"应数"也成为决定历法精度的关键因素之一，这对交食计算等精度有明显影响。

比较《授时历经》和《大统历法通轨》的应数，可以发现，其中闰应、转应和交应三应的数值有过细微的调整，数值上与旧应数并非等价。对于应数为何改变，梅文鼎在其著作《大统历志》卷六中曾提出疑问：

> 又按《历经》诸应等数，随时推测，不用为元，固也。今则气应仍是五十五日〇六百分，周应仍是箕十度，至于闰应原是二十〇万一千八百五十分，今改为二十〇万二千〇五十分，较授时后二百分，转应原是一十三万一千九百〇四分，今改为一千三万〇千二百〇五分，较授时先一千六百九十九分，交应原是二十六万〇千一百八十七分八十六秒，今改为二十六万〇千三百八十八分，较授时后二百〇〇分一十四秒，或差而先，或差而后。以之上考辛巳，必与元算不谐，若据《历经》以步今，兹亦与今算不合。然则定朔置闰月，离交会之期，又安所取衷也。岂当时定《大统历》有所测验，而改之欤？夫改宪则必另立元，今气应周应俱同，而独于数者有更，此其可疑二。

由此可知，梅文鼎很早就发现《大统历法通轨》中闰应值比授时历后200分，转应值比授时历先1699分，交应值则比授时历后214秒，并因此怀疑这些新的应数值是在编制大统历时通过重新测量后而做出调整的，但令他困惑的是为何七应中只改其中三应。对于应数的调整，各历史文献中也做出了不同的解释，其中《明史·大统历志》中记载：

按《授时历》既成之后，闰、转、交三应数，旋有改定，故《元志》《历经》闰应二十○万一千八百五十分，而《通轨》载闰应二十○万二千○五十分，实加二百分，是当时经朔改早二刻也。《历经》转应一十三万一千九百○四分，《通轨》载转应一十三万○二百○五分，实减一千六百九十九分，是入转改迟一十七刻弱也。《历经》交应二十六万○一百八十七分八十六秒，《通轨》交应二十六万○三百八十八分，实加二百分一十四秒，是正交改早二刻强也。或以《通轨》辛巳三应，与元志互异，目为元统所定，非也。夫改宪必由测验，即当具详始末，何反追改《授时历》，自没其勤乎？是故《通轨》所述者，乃《授时》续定之数，而《历经》所存，则其未定之初稿也。

　　从中我们可以看出，《明史·大统历志》认为新的应数是"授时续定之数"，即在授时历使用一段时间后，元代历官对其进行了调整，而《授时历经》中记载的数值为授时历使用初期的数值，而非后来使用的正式数值，这些新应数值表面上看去是元统修改，而实则是承用授时历。由于调整应数必然要经过重新实测，所以明代的元统不可能追改元代的数值。

　　认为应数在授时历使用初期就进行调整的还有邢云路和魏文魁，魏文魁在其所著《历测》中认为：

　　至元三十一年，甲午岁五月十五日望月食，不效，差天两刻，遂改闰应加两刻，转应减十九刻，交应虽改，其实毫厘未动。

邢云路在《古今律历考》中也有相同的描述：

> 至元十七年，守敬作《授时历》，定闰应二十万一千八百五十分，转应一十三万一千九百四分，交应二十六万一百八十七分八十六秒，此载在《元史》可考也。至元三十一年甲午，才十四年耳，而守敬复测天道，见其少差，乃于闰应加二百分，转应减一千六百九十九分，于交应加二百一十四秒，逾十四年即改三应。至今畴人用之，独奈何后人一无所改乎。

由此可以看出，魏文魁和邢云路的观点比《明史》中的记载更为直接，明确指出调整时间在至元三十一年（1294），由于历法推算出现偏差，故郭守敬根据自己重新测量的结果，调整了应数。魏文魁更是认为，由于至元三十一年五月的月食推算差两刻，因此闰应应该加两刻。

不过，两人提出的理由似乎没有太大说服力，因为郭守敬不太可能仅仅为了吻合某一次的观测就决定通过简单的调整闰应来改善精度，毕竟月食推算精度受多个数据影响，为吻合一次数据而简单修改闰应，反而会使之前其他吻合较好的日月食推算结果都产生较大偏差。况且依照《授时历经》中对交食推算精度的界定，即便差天两刻依然还在"次亲"的水平上，并没有超出历法误差要求的范围，似乎没有必要如此大动干戈地进行调整。

另外，关于应数是否为至元三十一年（1294）修改，官方文献中也没有直接的记载。邢云路在提出这种观点时强调，授时历使用不到十四年就出现偏差，连郭守敬自己都要不断对之进行调整，而大统历因循守旧多年，仍不求改进。他当时正处在历法改革的争论中，为改历寻找理由，并对主张"祖制不可改"的顽固派进行反击，因此提出这种说法也是有可能的。所以，邢云路关于郭守敬至元三十一年曾对历法进行调整一说甚为可疑。

关于应数的调整，《明太祖实录》洪武十七年（1384）闰十月元统的奏疏中也做了记载：

> 钦天监刻漏博士元统言："历○日之法，其来尚矣，盖一代之典，必有一代之制，随时修改，以合天道。皇上承运以来，历虽以大统为名，而积分尤授时之数，况授时历法，以至元辛巳为历元，至今洪武甲子积一百四年，以历法推之，得三亿七千六百一十九万九千七百七十五分。《经》云大约七十年而差一度，每岁差一分五十秒。辛巳至今，年远数盈，渐差天度。拟合修改，臣今以洪武甲子岁前冬至为大统历元，推演得授时历辛巳闰准分二十万二千五十分，洪武甲子闰准分一十八万二千七十分一十八秒，授时历辛巳气准分五十五万六百分，洪武甲子气准分五十五万三百七十五分，授时历辛巳转准分一十三万二百五分，洪武甲子转准分二十万九千六百九十分，授时历辛巳交准分二十六万三百八十八分，洪武甲子交准分一十一万五千一百五分八秒。盖七政之源，有迟疾逆顺，伏见不齐，其理深奥，实难推演。臣闻磨勘司令王道亨，有师郭伯玉者，西安府鄠人也，精明九数之理，深通历数之源，若得此人推演大统历法，庶几可成一代之制，盖天道无端，惟数可以推其机，天道至妙，因数可以明其理，是理因数显，

数从理出，故理数可相倚而不可相违也。臣等职在观占推步，以验民时，诚不敢以肤浅之学自用，愿得博闻洽见之人任之，庶可以少副皇上敬天之心也。"书奏，上是其言。[1]

由此可以看出，在洪武十七年（1384）闰十月元统的上疏中，元统认为授时历以至元辛巳为历元，距洪武甲子已有一百零四年，由于年远数盈，渐差天度，所以拟合修改，以洪武甲子为大统新历元，重新推演授时历和大统历的新应数，并希望吸纳郭伯玉加入历法的修订。此建议立刻得到了朱元璋的认可。从这一记载可知，新应数应该是洪武年间在原应数的基础上做修订的。

此外，研究表明，多数情况下，《大统历法通轨》的推算精度要优于采用旧应的授时历，而采用新应数的授时历一直存在较大偏差，所以新的应数应该是与进行了一些算法调整的《大统历法通轨》配合使用的，而单独调整应数但不将算法做相应的调整，只会将历法越改越差，因此应数和算法最有可能是在元末明初某个时期一同调整的。

各类历史文献中，对明代历法的记载往往较为混乱，常常出现相互矛盾的地方，尤其是经常将授时历和大统历混为一谈，很容易造成对明代历法的误解。如《明史》一方面说"（元）统乃取授时历，去其岁实消长之说……以洪武十七年甲子为历元，命曰《大统历法通轨》"，另一方面又声称"大统历元以洪武甲子，而推算仍依授时法"等。从这些表述中可见，就连正史中都将授时历和大统历当成同一部历法看待，从而认为明代的历法仅仅去除岁实消长和调整了历元，实际推算仍旧依据授时历。

---

[1] 《明太祖实录》洪武十七年（1384）闰十月丙辰二十二日条。

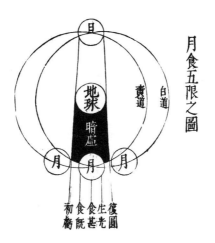

《授时历经谚解》中的"月食五限之图"

大统历在法原、立成和推步等方面皆与授时历一脉相承。大统历除了在"历元""应数"和"回归年长度消长"方法上做了调整外，还对授时历中计算"日食三限"与"月食五限"的算法进行了变更。

事实上，《授时历经》在计算交食时，会随着时间的推移而出现推算后天现象，虽然在初期其推算精度基本符合要求，但整体而言，无法达到预期的效果。《大统历法通轨》针对推算后天带来的误差，对应数和食限算法做了部分调整，使得交食预测精度在明初得到了明显提高。这说明元统等人在明初所做的历法调整工作是卓有成效的，至少在授时历的框架内，对历法进行了显著的改善，但也正是由于他们在历法修订的过程中没有跳出授时历的基本框架，故依然无法避免授时历中早已存在的"交食推算后天"这一缺陷，使得其预测误差依旧不断增大。所以说"明用大统，实即授时"在历法原理上说，是没有问题的，大统历确实是传承自授时历。但就一些具体天文常数和算法而言，大统历有着一定的改进和创新，我们不能将两者完全混为一谈。

小知识◎元统

元统号抱拙子，生卒年不详。洪武十七年（1384），曾官为漏刻博士，上书言授时历至今已百余年，历法与天象逐渐不合，理应改历。在得到朱元璋的支持后，元统被任命为钦天监监正，负责主持改历。他以授时历为基础，删除其中的岁实消长之法，调整历法各项"应数"，简化推算步骤，并以洪武十七年甲子岁为历元，编成《大统历法通轨》。自此，有明一代，历法皆遵循《大统历法通轨》推算。

◎《大统历书》

历代王朝每年都向统治的地区和认同王朝统治的周边民族政权颁赐历法、宣布正朔，即颁赐历日。"正"是指一年之始，"朔"是指一月之始，厘定正朔是颁布历法的基本内容。正朔的发布与接受是关系到王朝的治权能否实现的大问题，自古就为王朝统治者所重视。明代官方的历法为大统历，每年朝廷会颁布采用大统历编算的《大统历书》（或称《大统历日》）。

依明制，每年钦天监先造成来岁历样，然后进呈御览，获准后照样刊造十五本送礼部，再由礼部派人送至南京及各

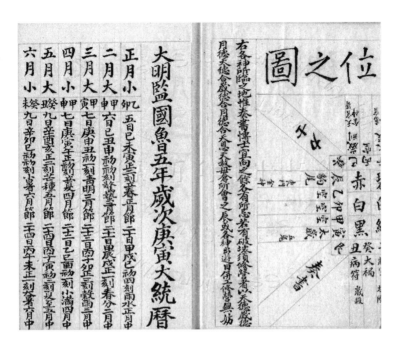

傅斯年图书馆藏大明监国鲁五年《大统历书》抄本

布政司。钦天监印造北直隶历书，南京钦天监当负责南直隶历书。为了防止民间私印历书，《大统历日》封面还印有防伪官印曰："钦天监奏准，印造《大统历日》颁行天下，伪造者依律处斩，有能告捕者，官给赏银五十两，如无本监历日印信，即同私历。"

明朝灭亡后，南明各政权皆沿用大统历，以示继承明朝统治的合法性，台湾傅斯年图书馆就藏有大明监国鲁五年（1650）《大统历书》。

此外，牛津大学图书馆也藏有大明永历三十一年（1677）《大统历书》。永历（1647~1661）是南明皇帝朱由榔

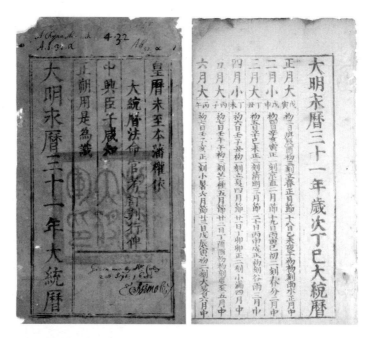

牛津大学图书馆藏大明永历三十一年《大统历书》

（1623~1662）的年号。永历十六年（1662），朱由榔被吴三桂绞杀于昆明，随后自郑成功收复台湾，至永历三十七年（1683年）十二月郑克塽降清止，台湾一直使用永历年号。该历书封面书有"皇历未至本藩，权依大统历法，命官考订刊行，俾中兴臣子咸知，正朔用是为识"。

四 大统历的使用和传承

　　大统历在使用不久后出现了误差，明代中后期关于是否修订大统历的争论不断。然而，由于钦天监官生谨守世业，官方对历法的改革缺乏信心，加之缺少精通历算的人才，最终只能"据其成规，犹恐推步不详，以旷职业"，未能对历法做较大改进。

1 大统历与"土木事变"

历日（即历书）在中国古代，不仅在百姓的生产生活中起着重要的作用，也是历代皇权统治的象征。明代历日的颁布有着一系列的制度，一般先由钦天监对该年的历日进行推算、核实后付梓，然后由皇帝亲自颁行天下。

在明代诸多年份的历日中，有两年的大统历对昼夜时刻的记载与其他年份不同。其中，正统十四年（1449）和景泰元年（1450）的历日明显对夏至和冬至的昼夜时刻进行了调整（"夏至五月中，日出寅正二刻，日入戌初一刻，昼六十二刻，夜三十八刻。冬至十一月中，日出辰初一刻，日入申正二刻，昼三十八刻，夜六十二刻"），而景泰三年（1452）之后的历日又将该时刻改回了正统十四年之前的旧值（"夏至五月中，日出寅正四刻，日入戌初初刻，昼五十九刻，夜四十一刻。冬至十一月中，日出辰初初刻，日入申正四刻，昼四十一刻，夜五十九刻"）。这一事件史称"正统己巳改历"事件，该事件反映了现实政治事件对天文历法发展的影响。关于此次改历事件，《明史》有如下记载：

永乐迁都顺天，仍用应天冬夏昼夜时刻。至正统十四年始改用顺天之数，其冬，景帝即位，天文生马轼奏，昼夜时刻不宜改，下廷臣集议，监正许惇等言："前监正彭德清测验得北京北极出地四十度，比南京高七度有奇，冬至昼三十八刻，夏至昼六十二刻，奏准改入《大统历》，永为定式，轼言诞妄，不足听。"帝曰："太阳出入度数，当用四方之中，今京师在尧幽都之地，宁可为准，此后造历，仍用洪、永旧制。"[1]

通过《明史》的记载大致可以了解，虽然自永乐迁都北京，但

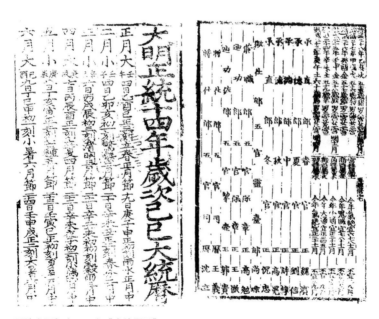

正统十四年（1449）《大统历日》

---

[1] 张廷玉：《明史》，志第七，历一，中华书局。1974 年。

昼夜时刻依然沿用南京的测值，从正统十四年（1449）开始才改为使用北京的昼夜时刻值，但随后不久，景帝继承皇位，钦天监天文生马轼奏请将时刻改回为南京值，此举虽然遭到钦天监监正许惇等人的反对，但景泰皇帝却以"太阳出入度数，当用四方之中"为由，支持了马轼的提议，将昼夜时刻值改回洪武和永乐旧制。

该事件看似平常，但其中却存在诸多疑问。例如，为何迟至正统年间才改用北京的漏刻时刻？军匠出身的天文生马轼为何执意在改历问题上与其上司争辩？景帝即位之后为何执意将昼夜时刻改回南京值？

正常情况下，历书中的时刻一般都是以都城的位置为准，然而自永乐迁都北京后的相当一段时间内，《大统历日》中所使用的依然是南京的时刻，直到正统年间才改为使用北京的时刻，这可能是由于以下几个因素造成的。首先，明朝廷在都城的选择上一直犹豫不定。虽然永乐时期曾将北京定为都城，但一直到正统六年（1441）北京才被正式定为首都，所以在这段时间里，南京依然是名义上的都城。其次，昼夜时刻的调整需要对当地的北极出地值（即地理纬度）进行测量，然后还需要通过一系列的计算才能得到。而在正统年间之前，北京一直没有正式的观象台和天文观测仪器，甚至钦天监都没有固定的办公地点，直到正统七年（1442）才正式建钦天监于大明门之东[1]。各类天文仪器也是自正统二年（1437）才由监正皇甫仲和等人的提议铸造。

正统十二年（1447）十一月甲寅二十六日监正彭德清提议铸造铜仪，并请求委任钦天监的夏官正刘信来负责考较测验北京的北极出地度数和太阳出入时刻，该建议立刻得到英宗皇帝的支持。由于《授时历经》中记载的是元大都的昼夜时刻，而明朝顺天府与元大都的位置

---

[1] 《明英宗实录》记载正统七年（1442）三月癸卯十三日"建钦天监、太医院于大明门之东"。

基本一致，完全可以直接使用元大都的昼夜时刻值，但刘信并没有直接使用《授时历经》中的数值，其测验结果与《授时历经》相比，冬至日出时间提前了一刻，夏至日入时间提前了一刻。既然在正统十二年（1447）昼夜时刻值被重新考较测验，随之在正统十四年（1449）将这一改动写入《大统历日》中也是顺理成章的事了。

英宗皇帝同意自正统十四年（1449）开始，《大统历日》中的二至日出和日入时刻由原来的南京值改为新测的北京值。然而，景帝即位不久后便又将其改回南京值，其原因就比较蹊跷了，当时的朝廷官员岳正[1]曾撰文对此事进行了讨论，其文如下：

> 予及第之明年，颁己巳之朔，礼成而观其书，书二至之
> 晷有昼夜六十一刻之文，即怪其故。退而求古诸家历法，无
> 有也。先生时为五官司历，予雅相知者，主事君又同进士，
> 因以所私问之。先生曰："子以为何如？"予曰："天行最
> 健，日次之，月又次之，以月会日，以日会天，天运常舒，
> 日月常缩。历家以其舒者、缩者之中气置闰以定分至，至然
> 以三百六十五日四分日之一之日乘除之，积三岁而得三十二
> 日五十九刻者，其法常活。以三百六十五度四分度之一之天
> 分南北二极，日行中道，冬至行极南，至牵牛得四十刻为日
> 短；夏至行极北，至东井得六十刻为日长；春秋分则行南北
> 中，东至角、西至娄，为昼夜均。均者各五十刻也，其法常
> 死。死者必不可易，而活者不能不变。故古者以历名家者，

---

[1] 岳正（1418～1472），字季方，北直隶顺天府漷县人，正统十三年（1448）探花，授翰林院编修，进右春坊右赞善。天顺初，改修撰，英宗召入内阁，以遭石亨等构陷，遣戍肃州。宪宗立，起复原官，值经筵，纂修《英宗实录》，旋出为兴化知府，任满致仕，卒于家。嘉靖中，追赠太常少卿，谥文肃。

必以其变者立差法以权衡之，则变者常通，而死者得其所矣。有如今历也者，毋乃不揣其本而齐其末也欤？"先生曰："如子言诚然。"予曰："若然者，先生将居其职而不与其事耶？"先生掀髯笑曰："能者不必用，用者不必能，又何今日咎也。"又曰："历者，圣政之所先本也，苟以私智拨之，能无摇其支乎？"予始悟当时用事者方赫赫，必以先生为忌，已而果有土木之变，益以服先生之高识矣。[1]

岳正于正统十三年（1448）中进士，并亲自参加了该年的颁历大礼，他发现己巳年《大统历日》记载为夜六十一刻，与之前各年的历书不同，因此很是疑惑，恰好他与钦天监五官司历交情颇深，故私下咨询此事。经过一番讨论后，岳正认为"如今历也者，毋乃不揣其本"，又质疑先生为何"居其职而不与其事"，先生则回道"能者不必用，用者必不能，又何今日咎也"，认为历法乃是圣政之本，倘若以私智轻易改之，恐怕有动摇国本之祸。岳正后来感慨其结果真如先生所言，因为之后不久便发生了"土木事变"。

岳正文中所提到的"土木事变"是指明英宗朱祁镇（1427～1464）在太监王振（？～1449）的煽惑下亲征入侵明朝的蒙古瓦剌部，却在土木堡被瓦剌军设伏包围，明军惨败，最终连明英宗都被俘的事件。明军于土木堡大败后，损失惨重，瓦剌则乘机大举入侵中原，两个月之内就攻陷紫荆关、居庸关，直逼北京城下。由于英宗的被俘和军事上的失败，使得当时形势岌岌可危，明王朝也因此险些亡国，所以岳正将历书改革之事与"土木事变"联系起来，认为是不久前的历书改

---

[1] 《明文海》卷四百六十六《琴乐先生墓志铭》。

革导致了国本动摇，从而引发了灾祸。

将历书改革与"土木事变"联系起来的人除岳正外，在民间当时也大有人在。《万历野获编》卷二十九《正统土木咎征》一文中也记载了"土木事变"发生之前的一些征兆，其中就提及当时很多人都将正统己巳历的颁布作为"土木事变"的主要咎征。例如，"土木事变"之后，民间将之前发生的各种诡异事件与之相联系，其中包括：妇女童幼盛唱《妻上夫坟》曲，状元彭时[1]在进士传胪时因假寐不至而使"龙首忽失"，以及当时盛传雨帝城隍土地等谣言（"雨帝"和"予弟"谐音，指英宗朱祁镇土木堡被俘后，皇位由其弟朱祁钰继承）。而这段文字认为其中"最可怪者"就是所颁己巳《大统历日》更改了昼夜时刻，众人都惊骇愕然，认为这是亘古未有之怪事。该文还记载，景帝即位后，有人认为正是己巳历日的变更使得寒暑失度、天地易位、阴阳二至不能守其常，并指责这是造历者私自篡改历法。

其实，之所以有造历者私改历法的说法，可能与当时负责钦天监工作的监正彭德清有关，正统十二年（1447）委任夏官正刘信考较测验北京北极出地值，并提议改历的人正是彭德清，而他在"土木事变"后被籍没家产[2]，本人也被下狱，不久后便死于狱中[3]。原因是彭德清被怀疑与太监王振勾结，并且在"土木事变"之前"匿天变不奏"，"不择地利处驻师"[4]，对"土木之变"负有责任，所以他被判定为有大罪，甚至在瘐毙狱中之后仍被斩首[5]。

---

[1] 正统十三年（1448）戊辰科进士。

[2] 《明英宗实录》记载正统十四年（1449）八月乙亥二十八日"令籍没太监郭敬、内官陈玙、内使唐童、钦天监正彭德清等家，以皆王振党也"。

[3] 彭德清死的当日，瓦剌军队开始攻打北京城。

[4] 《明英宗实录》正统十四年十月己未十二日条。

[5] 《明英宗实录》记载正统十四年十月己未十二日"钦天监监正彭德清死狱中，命仍斩其首，德清坐王振，匿天变不奏，及从征，不择地利处驻师也"。

景帝即位后，因为民间有谣言指向"土木之变"与之前改历之事有因果联系，导致民间关于改历的谣言四起，以至朝廷和地方官员对此也议论纷纷。例如，当时山西巡抚在其奏疏"提防达贼惩劝善恶疏，驾陷土木封事"[1]中就认为"今年五月初四日上天垂象，凡有目者皆得而见也，钦天监岂有不知，又可深入贼境者乎，是何奸邪窃弄神器，左使皇上陷此危机，荼毒生灵，拘留大驾"[2]。可见朝廷内外都将矛头指向钦天监，而前监正彭德清的确又同时与"正统己巳改历"和"土木事变"有关，成了坐实谣言的"证据"。因此，景帝有可能以"太阳出入度数当则以四方之中为准则"作为托词，决定将历日时刻值改回"洪武、永乐间旧式"，从而达到平息谣言、稳固国本的目的。

当然，该事件中还有个疑问没有解决，即为何是由钦天监天文生马轼提出将时刻改回南京值呢？当时的钦天监监正许惇[3]等人都反对将时刻改回南京值，认为马轼"起自军匠，不谙历数，妄以己意改旧制"[4]。根据《万历嘉定县志》记载"马轼字敬瞻，精于占验，尤工绘事，正统间以天文生从都督黄兴征粤"[5]，可见马轼当时曾随军负责占验工作，虽然他精通占验，但可能确实如许惇所言，他对历数则未必精通，既然如此，他又为何不顾上司的反对，对历书的改革如此积极呢？对此，《万历嘉定县志》也提供了一些线索，其中记载"轼虽官闲局，而特负意气，与修撰岳正友善，正为曹、石所中，谪佐钦州，

---

[1] 陈子龙：《明经世文编》，卷三十五，中华书局，1962年。

[2] 《明英宗实录》记载该年五月初四"日生晕，色黄赤，鲜明，昏刻，月食金星"。

[3] 许惇原为钦天监中官正，因原监正彭德清死于狱中，而接替其监正一职位，《明英宗实录》正统十四年九月壬辰十五日记载"升钦天监中官正许惇为本监监正，秋官正高冕为监副"。

[4] 《明英宗实录》正统十四年十二月戊申初二日条。

[5] 韩浚等修：《万历嘉定县志》，卷十三《人物考》下，上海博物馆藏明万历刻本。

亲友无敢饯别，轼独送之以诗"[1]。由此可以看出，马轼与之前对"正统己巳历日改革"事件极其关注的岳正是非常亲密的挚友，从而可以猜测马轼之所以对改历之事如此积极，有可能正是受到岳正的影响。

---

[1] 《尧山堂外纪》等书对此事也有记载："天顺初，岳季方自翰林入阁，英庙深所眷注，后为曹石所嫉，谪钦州同知，濒行亲交无敢送者，钦天监漏刻博士马轼饯以诗曰：滦江江上水悠悠，送客江边莫上楼。五岭瘴高烟蔽日，两孤云湿雨鸣秋。丰城剑气东南起，合浦珠光昼夜浮。祭罢鳄鱼归去晚，刺桐花外月如钩。季方宿张家湾舟中，用韵赋和曰：被罪承恩岭外游，思乡何处仲宣楼。风霜万里蛮荒夜，烟雨三江泽国秋。不信功名成梦觉，蚤闻富贵等云浮。令人却羡桐江叟，长拥羊裘把钓钩。"

2　谨守世业，据其成规

　　洪武年间，钦天监监正元统认为元代的授时历已经"年远数盈，渐差天度"[1]，需要"拟合修改"，所以编修《大统历法通轨》，使其"分门列数，颇得精详"[2]。从现存的明钦天监使用的大统历版本来看，钦天监官生也在不断地对大统历进行调整和补充，但《大统历法通轨》的主体内容并没有发生变化，钦天监的推算也一直以此为依据，如《大明大统历法》中就提到元统的书"历官便于推步，至今遵而用之"[3]。另外从《大明大统历法·一引相传姓氏》这份记载有自明初至隆庆三年（1569）二百余年中的六十九位钦天监官员的名单中也可以看出，这些人多是历朝大统历的传人，正是他们在延续钦天监官生"历算传承"的传统。只不过由于传统自身存在的"惯性"，至隆庆三年周相重印《大明大统历法》时，大统历的误差已经逐渐增大，但当时已经无力对大统历进行改善，只能"谨守世业，据其成规，犹恐推步不详，以旷职业，而况改作乎哉"[4]。

[1]　《明太祖实录》洪武十七年（1384）闰十月丙辰二十二日条。
[2]　周相：《大明大统历法》，日本内阁文库藏本。
[3]　周相：《大明大统历法》，日本内阁文库藏本。
[4]　周相：《大明大统历法》，日本内阁文库藏本。

《大明大统历法·一引相传姓氏》
日本国立公文书馆藏

　　造成这种"惯性"的主要原因就是《大统历法通轨》过于依赖根据事先编算的立成表，总是通过查表法进行推演计算。虽然查表简化了计算过程，使内容更加便于推步，但在解决了"初学者识数未精，无凭推算"[1]问题的同时，该书却忽略了对历法原理的阐述，导致历朝大统历的传人大都不通历理，而只会按图索骥进行推算。如正德年间的郑善夫就指出当时钦天监"官生之徒明理实少"[2]，但这种长期"按图索骥"的状况终究还是导致"其术难灵"。

　　进入明代中期，大统历的推算逐渐出现一些偏差，是否需要修历

[1] 元统：《大统历法通轨》，韩国首尔大学奎章阁藏本。
[2] 参见郑善夫"奏改历元事宜"，明嘉靖二十八年刻本《皇明名臣经济录》卷十三礼部四。

这个问题便开始突显，如丘浚[1]就认为"当元统上言时，岁在甲子也，已云年远数盈，渐差天度，矧今又历一甲子而过其半，其年愈远，其数愈多，其所差者当益甚也"[2]，他还请求皇帝下诏"求天下通星历之学，如郭守敬者，以任考验之责；明天人之理，如许衡者，以任讲究之方。失今不为，后愈差舛"[3]。而杨廉[4]则认为"本朝大统历采用元授时历，自洪武至今百四十年未尝更造，而一一皆验。……丘氏（丘浚）复谓今去统（元统）时年远数多，所差甚是，亦泛论焉耳。历法疏密验在交食，今日月之食，分秒不差，又何得而疑之哉？"[5]。弘治十年（1497）南京钦天监主簿诸昇奏请修改历法，礼部覆奏"国初更定大统历颁行天下，其法至精至密，百余年来凡以推步、测候、颁朔、授时，鲜闻有失。若必欲更改岁差，求合天度，事体重大，有非臣下所敢议者，况私习天文律有明禁，以故通晓历法者亦未易见，又昇所奏亦自有讹舛，请治其罪"，最终弘治皇帝认为"历法事重，不必轻易更改，诸昇姑宥之"[6]。

可见，当时不少人认为大统历依然精密，历法根本无须修改，而即便当时历法推算稍有偏差，倘若没有把握也不能贸然更改。顾应祥[7]就认为"前元王恂、郭守敬所著《授时历》则专以测验为主，较之诸

---

[1] 丘浚（1421～1495），字仲深，号深庵、玉峰，别号海山老人，琼山（今属海南）人。明代中期的理学名臣，弘治朝官至礼部尚书，加太子太保，兼文渊阁大学士。

[2] 张萱，《西园闻见录》，卷四十八。

[3] 张萱，《西园闻见录》，卷四十八。

[4] 杨廉（1452～1525），字方震，号月湖，又号畏轩，江西丰城人。成化二十三年（1487）进士，改庶吉士，弘治三年（1490）授南京户科给事中。后改南京兵科，迁南京光禄寺少卿。正德初改太仆卿，历顺天尹，迁南京礼部右侍郎。世宗即位，就迁礼部尚书。嘉靖二年（1523）三月初三日致仕，嘉靖四年（1525）卒，年七十四。赠太子少保，谥文恪。杨廉曾撰有《读元史历志》一文。

[5] 张萱：《西园闻见录》，卷四十八。

[6] 《明孝宗实录》弘治十年（1497）十二月丁亥二十日条。

[7] 顾应祥（1483～1565），字惟贤，号箬溪，王阳明弟子、思想家、数学家。

家所选历书特为精密，我国家因行之二百余年，至今无弊，应祥少好数学，常取历代史所载《历志》比而观之，未有过于此者，近者或以交食稍有前后，轻议改作，可谓不知量矣"[1]。

因为长期以来在人们心中形成了一个普遍的观点，认为元代授时历已经达到极高的水平，即"历至授时虽圣人复起不能易也"[2]，所以绝大多数人对是否有能力修订一部好的历法，以超越之前郭守敬等人的工作是缺乏信心的。

成化年间（1465～1487）直隶真定县儒学教谕俞正已要求改历并提出自己的方案，就被看成"止是以区区小智强合于天"[3]。之后又有天文生张升奏请改历，也被认为是"臣下非有通博之学，精切之见，未可肆一己之说，而辄变旧章也"[4]。嘉靖二年（1523）华湘提出改历时，乐頀却认为"我朝历因于《元经》，耶律楚材、许衡、王恂、郭守敬诸大儒之手，固难议改"[5]。隆庆三年（1569）掌监事、顺天府丞周相重新刊印《大明大统历法》，他在该书的"历原"中也指出"然考究不可以轻议，其人不可以易得，苟轻举妄动，推演附会，凑合于天，吾恐反失其真，其差愈甚，不若仍旧之为得矣"[6]，此外周相也不得不承认当时只能"谨守世业，据其成规"[7]。

此外，万历年间（1573～1620），钦天监监正张应候对邢云路的改历建议提出反对意见，其中一条重要的理由就是"元统虽奉成命，自知才不及守敬，法不能改易"，而之后"华湘等勉强欲求斟酌

[1] 张萱：《西园闻见录》，卷四十八。

[2] 《春明梦余录》，卷五十八，文渊阁四库全书本。

[3] 《明宪宗实录》成化十七年（1481）八月戊申十八日条。

[4] 《明宪宗实录》成化十九年（1483）三月乙卯二十三日条。

[5] 《明世宗实录》嘉靖二年（1523）九月甲申十七日条。

[6] 周相：《大明大统历法》，日本内阁文库藏本。

[7] 周相：《大明大统历法》，日本内阁文库藏本。

改易，并未改行"，如今"考之今时，贤才无守敬，学业无元统，虽有毫末之聪明，未可擅议于一时也"[1]。即便到了明末的崇祯年间（1628～1644），当时的钦天监官夏官正戈丰年在其奏书中还认为，"大统历乃国初监正元统所定，其实即元太史郭守敬所造授时历也，二百六十年来按法推步，未尝增损，非惟不敢，亦不能，若妄有窜易，则失之益远矣"[2]。这种对历法修订缺乏信心、担心将历法越改越糟糕的心理在明代是一直存在的。

何况，如果改历失败或推算不准还要承担相应责任。如天顺八年（1464）天文生贾信上奏谈论日食，推算与监正谷滨等不同，结果证明贾信所奏失实，导致其入狱，因为英宗皇帝认为："天象重事，（贾）信所言失真，非惟术数不精，抑且事涉轻率，其逮治之。"可见，明代中后期之后，大统历的误差不断增大。但由于钦天监官生谨守世业，对历法改革缺乏信心，加之精通历算等技术人才的匮乏，使得很少有人能够承担领导和组织改历的重任，其结果就只能是据其成规，沿用误差愈甚的大统历。

此外，袁黄[3]在其《历法新书》中记载"今历官明知其谬，每推步日月交食，辄虚加其数，以掩其失，由是历之违天，人莫得而知矣"。王应遴在其《与钦天监杨监正书》一文中也记载，当时钦天监官生在观测月食时就曾延时不报，等祠部索候香看验时则"引烛燃短以凑之尚未及数"，星台测候者也"杓添漏水以凑之"。王英明在《历体略》中回顾明代官方历法机构时，也曾指出当时"士大夫目不识玑衡，台司推步一依授时之旧……五官之属手不握算，足不登台，仪器涩滞"。

---

[1] 张萱：《西园闻见录》，卷四十八。

[2] 清抄本《崇祯遗录》。

[3] 袁黄（1533～1606），初名表，字坤仪，初号学海，后改号了凡，明代思想家。

可见当时钦天监人才的匮乏。官生保守渎职，丧失了改进历法的能力，只会勉强依据历法的固有程式，墨守成规地进行计算，这也使得传统历法几成绝学。

3 《通轨》，死数也！

明代中后期，要求修订大统历的呼声愈加强烈。正德十三年（1518）钦天监漏刻博士朱裕请求修改历法，并上疏讨论"岁差之法"，中官正周濂等人随后也建议改历，但礼部认为"定历授时乃朝廷重典，未可轻议"[1]。正德十五年（1520），礼部员外郎郑善夫上书"题改历元事"要求改历，但改历之事仍旧被搁置。

嘉靖即位不久，命南京户科给事中乐護、工部营缮司主事华湘为光禄寺少卿，同时掌管钦天监事[2]。随后，华湘于嘉靖二年（1523）上疏要求改历，请求嘉靖皇帝"延访知历理、善立差法之人，令其参别同异，重建历元，详定岁差，以成一代之制"[3]，此举却遭到同僚乐護的反对[4]。可以说，这一时期改历呼声很高，但历法改革却始终未能实施。

进入明末，随着对历法讨论的深入，以及朝廷对民间私习天文历

---

[1] 《明武宗实录》正德十三年（1518）十二月辛卯二十六日条。

[2] 《明世宗实录》正德十六年（1521）七月乙卯初六日条。

[3] 《明世宗实录》嘉靖二年（1523）九月戊寅十一日条。

[4] 《明世宗实录》嘉靖二年（1523）九月甲申十七日条记载："礼部看详掌钦天监事光禄寺少卿乐護奏，護谓言历不可改，与少卿华湘所见不同……"

算政策的放松，使得当时很多民间人士更加积极地参与改历之中，如唐顺之[1]、周述学[2]、袁黄、朱载堉、邢云路和魏文魁等人，皆对官方历法提出了批评，并针对如何修订历法给出了各自的建议。而面对当时误差已经非常明显的历法，不少人对如何改进历法也是信心十足。例如，邢云路就指出大统历"遭元统改易，溷乱其术，遂使至今畴人布算，多所舛错"[3]，他认为钦天监"以北术步南漏，贸贸焉，莫知所适从也，昏迷于天象，（元）统实佣之耳"[4]，在天启元年（1621）的奏疏中邢云路更是自称"元授时历成，著为《历经》，自谓推算之精古今无比，不知立法不善，未久辄差，臣今不揣布算，妄意效颦则亦安保其尽善，第所立新法颇似近密，一一皆授时对症之药"[5]。

魏文魁在《拟合奏定历元疏稿》中也自称"《授时历》法推之悉皆不合，臣之法详加测候，考正历元，可以一洗胡元之陋，成一代之宝历，定万祀之章程"。方一藻[6]在为魏文魁《历测》所作的序中，更是称赞魏文魁的工作"足阐冲之未竟之业，令守敬瞠乎"。

唐顺之在其《荆川集》中也提到"历数自郭氏以来，亦成三百余年，绝学矣。国初搜得一元统，仅能于守敬下乘中下得几句注脚，监中二百余年拱手推让，以为历祖。吾向来病剧中，于此术偶有一悟，颇得神解，而自笑其为屠龙之技，无所用之"。他认为钦天监的官生完全不通历理，以至于"今监中有一书颇秘，名曰《历源》者，郭氏作法根本所谓弧矢圆术颇在焉，试问之历官，亦乐家一哑钟耳"。

---

[1] 唐顺之（1507～1560），字应德，一字义修，号荆川，武进（今江苏常州）人。明代儒学大师、军事家、数学家。

[2] 周述学，明末学者，山阴（今浙江绍兴）人，字继志，号云渊子，精历学。

[3] 邢云路，《古今律历考》卷十九，文渊阁四库全书本。

[4] 邢云路，《古今律历考》，卷四十八，历法十三，文渊阁四库全书本。

[5] 《明熹宗实录》，天启元年（1621）闰二月丁酉廿五日条。

[6] 方一藻，安徽歙县人，字子元，天启进士。崇祯时，官礼部尚书。

当钦天监官生无法摆脱其谨守世业、据其成规的"惯性"时，明代中后期，民间学者不断指出大统历的问题所在，并给出各自的改进方案。其中就包括"重拾"被忽略的历法原理，"重返"授时历的精髓，如唐顺之就认为"今历家相传之书，如《历经》《立成》《通轨》云云者，郭氏之下乘也，死数也，弧矢圆术云云，郭氏之上乘也"；唐顺之还感慨道"夫知历理又知历数，此吾之所以与儒生异也；知死数又知活数，此吾之所以与历官异也"。他认为不仅需要知晓所谓的"死数"，即历数，更应该知道"活数"，即历理，只有这样才能掌握郭守敬历法的核心内容。此外，邢云路和黄宗羲（1610～1695）等人也纷纷著书介绍"历原"，使得当时涌现了一大批与大统历的历理相关的著作。

小知识◎回回历法

　　元朝在上都和大都建立了由西域天文学家负责的天文机构，这些机构不仅装配了大量西域天文仪器，还收藏有大量西域文字写成的天文历算著作。然而，种种迹象表明，元朝并没有鼓励回回与汉族天文学家之间的交流，更没有组织系统的图书翻译工作。明朝在建国之初不仅接管了元朝的汉、回天文机构，将多位回回天文学家招至南京，而且还把大量西域文字的天文历法著作运往南京。洪武十五年（1382），朱元璋下令从事阿拉伯天文历法著作的翻译工作，结果导致了《天文书》和《回回历法》两部著作的出现。在朱元璋的支持下，回回历法也成为明代的官方历法，与大统历相互参用。

　　《回回历法》编修的具体时间在史料中并未有明确记载，

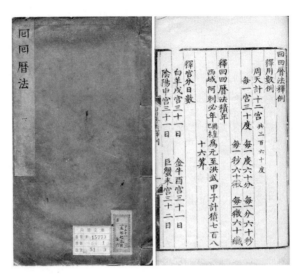

贝琳《回回历法》

因此后来产生了众多说法，但比较可靠的说法应该是贝琳在成化年间重修《回回历法》时在其跋中所提到的"此书上古未尝有也，洪武十八年（1385），远夷归化，献土盘历法，预推六曜干犯，名曰经纬度。时历官元统去土盘译为汉算，而书始行乎中国"的叙述，《回回历法》的编修时间应该在洪武十八年左右。

《回回历法》采用伊斯兰天文学的传统，更多的是依赖表格进行推算。其中包括日、月和五星在黄道上平运动的表格、真实位置的修正表格，以及交食视差的各种修正表格等数十份表格。此外，《回回历法》还介绍有如何使用这些表格进行计算的方法，结合算表及其用法，不但可以预先推测日、月和五星在任意时刻的位置，还可以计算日食、月食发生的时刻和食分的大小。配合《回回历法》中的一份记载有黄道附近277颗恒星的星表，还可以预推月五星凌犯，而月五星凌犯的推算恰恰是中国传统历法所无法实现的。

回回历法的理论基础虽然来自伊斯兰地区，但许多基本常数的测定极有可能是在中国境内完成的，其中不少常数的精度都优于现存的绝大多数伊斯兰天文表，因此在伊斯兰天文学史上也占有重要地位。

◎郭守敬后人

洪武十七年（1384）漏刻博士元统奏请修订历法时提及"七政运行不齐，其理深奥。闻有郭伯玉者，精明九数之理，宜征令推算，以成一代之制"。另据《陕西通志》记载郭伯玉为"陕西郡县人，精明九数之理，深通历学之源"。元统纂修大统历时，曾访求善算的郭伯玉，以佐成之，而郭伯玉正是郭守敬的后裔。郭伯玉大约是郭守敬的孙子辈，是郭守敬后人中最早、最出名的天文学家。他秉承家学，后应诏成为元统编撰《大统历法通轨》的得力助手，一时"名重京师"，此后还担任钦天监春官正一直到明宣德年间（1426～1435）。另有观点认为，明代珠算的缘起也与郭伯玉有关，他对中国传统的珠算方法作了重要的改革，清人凌扬藻（1760～1845）就认为"然则珠算之法，盖郭伯玉所制"，不过这种观点尚有存疑。

郭守敬的另一支后裔留在顺德邢台，郭守敬的曾孙郭贵即为其中之一。据记载："郭贵，自幼聪敏，得曾祖守敬秘传，谙晓天文，测验天象极精。天顺间（1457～1564）升钦天监春官正，掌造大统历。"明英宗天顺四年（1460），礼部侍郎掌钦天监事汤序卷入明朝廷内部的派系斗争，因钦天监推算月食失准，汤序和钦天监正谷滨、副监倪忠、春官正郭贵等人皆受到牵连下狱。郭贵是目前所知郭守敬后人中最后一位天文学家。

五 传统历法的衰落

万历年间，中国传统历法在经历了长期的停滞状态之后出现了短暂的复兴，而这种局面与当时的历法改革息息相关，起因是万历二十二年（1594）皇帝颁诏开馆纂修国史。因为收录官方历法一直是历代修史的重要组成部分，所以这一期间朱载堉和邢云路等人对授时历和大统历进行了系统的研究和改进，为传统历法注入了新的活力。

1 历法危机：万历修国史的尴尬

明中期之后，朝野改历呼声不断。当时改历之议兴起的原因，除了《明史·历志》中所提到的景泰元年（1450）以来钦天监在日月食预报中屡次出错，实际上还存在另外一个原因，就是万历二十二年（1594）八月皇帝颁诏纂修国史。围绕"历志"的编写，再次把尖锐的改历问题提到了议事日程上。据王应遴天启三年（1623）的奏疏记载：

> 万历二十二年（1594）间奉旨纂修正史，彼时以《历志》派与编修黄辉，辉曰："做得成，是几卷《元史》。"则史官难于措手又可知……我国家治超千古，独历法仍胡元。夫使事不大坏，虽胡元仍之何害？但察今之众言，证之测验，实实气候已差至十一二刻，交食已差至四五刻，五星躔度已差至数日不等，而不之觉，则焉得执局蹐未窥之见，谓修历是荒唐不经之谈，竟令万世后称大明国史独无《历志》，岂非缺典之最大者乎？[1]

---

[1] 王应遴：《王应遴杂集》，日本国立公文书馆藏本。

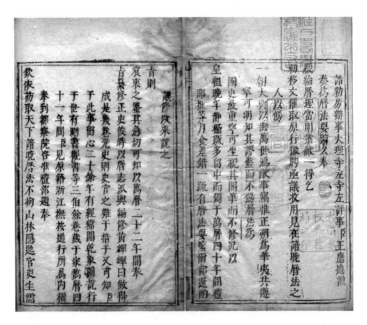

《王应遴杂集》中的请求改历奏疏
日本国立公文书馆藏

可见，这个问题包括两个方面：首先，按照儒家统治思想，一朝当有一朝的"正朔"，但是明代的大统历沿用的是元朝的授时历，从理论上来说是在奉一个"胡"国的正朔（"胡元"），再把这"胡元"写进本朝正史，这就更加令人难以接受；其次，写入正史的历法是要垂诸万世的，因此，是否准确也很重要，其重要性甚至超过是否是"胡元"的问题，而此时的天文学家已经发现，大统历在许多方面已经出现了重大误差，在这种情况下，如果还坚持把原有的大统历法编入《历志》，显然是不合适的。

其实，自万历朝征修国史之后，国朝历法居然使用"胡元"也顺理成章地成为历法改革者要求改历的重要理由之一。例如，邢云路在其奏疏《奏为议正历元以成大典事》中就提到"我朝制作越千古，独奈何以历数大典而犹然以胜国为元耶？臣愚不肖，蓄此于中久矣。向欲陈献，恐有越俎之嫌，未敢也。乃今年适逢上命儒臣纂修正史。夫史也者，大经大法咸正罔缺者也，然而莫重于历，亦莫难于历。乃今尚未闻有一人欲起而更正之者，及今不正，何为信史？及今不言，岂非失时？"[1]

1595年，朱载堉借为皇帝祝寿之际，上疏提出改历建议，并向朝廷提交了自己所著的《历学新说》三种，可惜没有得到朝廷的正面回应。次年，邢云路也上书请求改历，并指出了《大统历》的各种错误[2]。他的观点和建议尽管受到一些官员的赞同，但却遭到了钦天监监正的否定。从此，邢云路开始把主要精力投入到历法改革中，并先后写成《古今律历考》（1600）和《戊申立春考》（1608）两部著作，为历法改革进行理论准备。此后，王纪在其《议召宿儒以修律历疏》中也提到"（万历）四十一年（1613）九月内职阅邸报见礼科姚给事中条陈内云大典有五，而历居其一"[3]，不但再次重申修史和改历之事，而且对邢云路提出的改历也十分支持。但是由于最终官修"国史"书未成，改历问题依旧被搁置。

与此同时，以意大利传教士利玛窦（Matteo Ricci，1552～1610）为首的耶稣会士由广东进入中国内地传教，并为立足中国、传教中国而采取了文化调适和"挟学术以传教"等策略。作为"学术传教"的组成部分，他们抓住了中国儒士对欧洲科学技术知识，尤其是天文与数学知识的兴趣，也抓住明廷改历的时需，通过展示仪器、开门授徒

---

[1] 见文渊阁四库全书本《圣寿万年历》。

[2] 王淼：《邢云路与明末传统历法改革》，《自然辩证法通讯》2004年第四期，第79~85页。

[3] 明崇祯平露堂刻本《明经世文编》卷四百七十三，王纪《议召宿儒以修律历疏》。

和出版书籍等手段大力宣传欧洲天文学的先进，结果不仅借此吸引了不少儒家知识分子成为追随者，而且在1592年还促使了礼部尚书王弘海答应"将把利玛窦带到京城去校正中国历法"[1]。这就使传教士进一步确立了一种"两手抓"的策略："右手抓与上帝有关之事，左手抓这些事（指天文历法之学），二者不可或缺。"

1600年，利玛窦首次获准进京面圣，他抓住这一机会向皇帝做了一番宣传，说自己"天地图及度数，深测其密，制器观象，考验日晷并与中国古法吻合"。提出"尚蒙皇上不弃疏微，令臣得尽其愚，披露至尊之前，斯又区区之大愿。然不敢必也，臣不胜感激待命之至"[2]。与此同时，他也在李之藻（1565～1630）等人的帮助下，开始写作和出版有关西方天文学的著作，包括附加在《坤舆万国全图》四周有关天文学的注释文字和《乾坤体义》（主要介绍西方的同心天球体系、地圆说、日月食原理以及对日常天文现象的解释），以及《浑盖通宪图说》（介绍西方星盘的结构与功能）。

这些措施收到了很好的成效，使得更多的中国人知道，耶稣会士们在天文学上具有较高的水平，能够帮助朝廷解决所面临的历法危机。而一些受耶稣会士影响很深甚至已经加入天主教的儒家知识分子也渐次步入仕途，有些甚至已身居高位，最突出的是徐光启（1562～1633）和李之藻二人，他们在仕途上的进步为推动历法改革创造了政治条件。

1612年5月15日月食，钦天监预报再次出现错误，这件事引起了皇帝的注意，促使他下旨："历法要紧，尔部还酌议修改来说。"礼部随后也经都察院核准，向全国发了广泛征聘天文历法人才的公文，"奉钦依访天下谙晓历法，不拘山林隐逸，官吏生儒人等，征聘

---

[1] 何高济等译：《利玛窦中国札记》，中华书局，1983，第272页。
[2] 黄伯禄：《正教奉褒》，上海慈母堂，光绪三十年本。

来京"[1]。这为改历提供了新的希望，次年，李之藻乘皇帝万寿节之机上书"奏上西洋历法"。不幸的是，1616年"南京教案"爆发，庞迪我（Diego de Pantoja，1571～1618）、熊三拔（Sabatinode Ursis，1575～1620）等教士被尽数押至澳门，准备遣送出境。两年后，已任钦天监监副的周子愚借邢云路完成《历元》一书之机，奏请让"年已七十"的邢云路"前来统理历法，并与本部前疏所举通晓（历法）数员，一同考察改正，以定一代巨典"[2]。虽在困难中再遇转机，但是历法改革工作依然举步维艰。

---

[1]　王应遴：《王应遴杂集》，日本国立公文图书馆藏本。
[2]　何丙郁、赵令扬：《明实录中之天文资料》，香港大学出版，1986年，第651页。

2 短暂复兴：明末传统历法

随着万历皇帝颁诏开馆纂修国史，在历法方面最先做出回应的是郑藩世子朱载堉。朱载堉，字伯勤，号句曲山人，他是朱元璋的九世孙、郑恭王朱厚烷之子。嘉靖二十九年（1550），其父亲被削去爵位后，他便开始发奋攻读，研究音律和天文历法。

万历二十三年（1595）六月，朱载堉上书请求改历，并进献自己的著作《圣寿万年历》《万年历备考》和《律历融通》，他在奏疏中指出了大统历的错误并提出了改革历法的建议。朱载堉从大统历和授时历推算古今冬至时刻的差异出发，阐述改革历法的必要性。据其奏疏所言"大统与授时二历相较，考古则气差三日，推今则时差九刻"，而产生差错的原因是"授时减分太峻，失之先天"。此外，除了《圣寿万年历》，朱载堉还进献有《黄钟历》，这两部历法著作是他在对前代各家历法，特别是对授时历进行深入研究后的心得之作。不过朱载堉自述："未睹《历经》，不识仪表，粗晓算术，罔谙星象，惟据史册成说，实乏师传口授。"作为自学成才的非职业的天文学家，朱载堉只是主张对授时历和大统历采取折中的方法进而编制新的历法。所以他编制的历法，除了所设历元不同外，取用的一系列天文数据以及术文皆源于授时历，核心内容并没有太多改进。据陈美东先生的研究《黄钟历》和《圣寿万年历》关于水星与土星表面历元年的近日点黄经值的精度，以及五星近日点每年进动值的总精度均较授时历为佳，但是关于冬至时刻，以及火、木、金三星的近日点黄经的精度等，还不如授时历。

朱载堉自称"是故和会二家，酌取中数，立为新率，编撰成书，以伸野人芹暴之献，以拟华封富寿之祝。志虽如是而未敢为是者，缘大统历亦系制典旧章，非臣下所敢擅议"。所以礼部对朱载堉的改历建议也只是采取安抚手段，并不积极回应，虽然朱载堉的改历建议还曾得到皇帝褒奖，但他所进献历书最终还是被朝廷搁置。

在朱载堉奏请改历之后不久，邢云路也上疏请求进行历法改革。邢云路研究传统历法的兴趣始自少年时代。他自少痴迷数学，甚至达到成瘾的程度。万历二十四年（1596）邢云路建议改革历法以成一代之典，同时他还指出了大统历中存在的问题并提出了一些改历建议。邢云路的改历建议得到了礼部尚书范谦、刑科给事中李应策以及朱载堉等人的支持。但当时的钦天监监正张应候矢口否认大统历出现差错，对改历也极力反对，并要求"严惩私议历书差讹者"[1]，最终邢云路的改历建议也同样被搁置。

虽然朱载堉和邢云路的改历建议未被采纳，但历法改革还是得到了越来越多人的支持。例如，王纪[2]在其"议召宿儒以修律历疏"中提到"（万历）四十一年（1613）九月内职阅邸报见礼科姚给事中条陈内云大典有五，而历居其一"[3]，不但再次重申修史和改历之事，王纪

---

[1]　朱载堉：《圣寿万年历》，文渊阁四库全书本。

[2]　王纪，明神宗万历时期进士，东林党人，明熹宗天启时官至刑部尚书。

[3]　明崇祯平露堂刻本《明经世文编》卷四百七十三，王纪《议召宿儒以修律历疏》。

五　传统历法的衰落 | 95

还曾谈到"近世学士家律历之书，绝口不谈，而司天者又推算不精，即月食时刻亦至差错，此无他以株守胜国郭守敬之说，误之也"。他对邢云路等人的工作寄予了很高的期望，认为邢云路所著的《古今律历考》是一部千古未备之奇书。此外，更多的人也逐渐认同了大统历存在误差这一事实，改历成为大势所趋，如谢杰[1]就认为：

> 自汉迄今已改四十余历，臣考洪武中漏刻博士元统言请修改矣；嘉靖中钦天监华湘又请改矣，迄今一百余年而修改未闻，故岁久中星互异，是以不免岁差之疑也；兵部职方司范守已两奏历有差讹，是见疑于臣下也；冬官正周子愚呈称请运成例，译修历法是见疑于钦天监也；奏取大西洋历法之书，以正我朝之历，是以见疑于外国也；各省秋闱五策往往问及岁差，是见疑于词林也；致田夫野叟家传巷语俱言岁差，见疑于天下也。[2]

由此可见，当时对历法的怀疑已经是普遍的现象了。不过谢杰在其所撰的《历考刍言》一书中极力为大统历辩护，认为历法出现差错"乃元历之差，而非本朝大统之差也"。当然，将历法的差错归咎于授时历的人绝非只有谢杰，在当时有很多人都持有类似的观点。但此时至少在是否改历的问题上，主张修历的声音占据了主导地位。

面对失败的遭遇，邢云路抱着道术为公器而应公诸人的想法，着手编撰《古今律历考》，该书共计七十二卷，其主要内容是对古代经籍中的历法知识以及各部正史律历志或者历志中的问题进行总结和评

---

[1] 谢杰，明万历二年（1574）进士，授行人，奉命册封琉球。
[2] 张萱：《西园闻见录》，卷四十八。

议，重点是对授时历和大统历进行研究和评判。邢云路虽然在其著作中指出了授时历和大统历的不足，但他依旧认为授时历是古代历法中精度最高的历法，所以他在很大的程度上把历法复兴的希望寄托在对授时历的改进上。

《古今律历考》刊印后，邢云路因此名声大振，该书随后引起了礼部的重视，他也被召赴京主持传统历法的改革工作。万历四十四年（1616），邢云路进献改历以来的首部著作《七政真数》，阐明他自己的历算方法，他改革历法的思路是，通过恢复授时历的算法原理，针对其中的不足进行改进，以弥补这些缺陷。不过有资料表明，邢云路的历法在各交食时刻的计算上误差还是很大，说明他此时的改历成效有限。泰昌元年(1620)，邢云路又完成了《测止历数》，作为其改

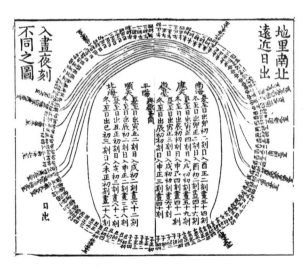

《古今律历考》中的"地里南北远近日出入昼夜刻不同之图"
法国国家图书馆藏

历活动的总结著作进献朝廷。邢云路从万历三十九年（1611）到天启元年（1621）之间一直致力于历法的改进，他在明末传统历法的复兴和改革方面付出了巨大的热情和努力，但总体而言其历法改革依旧收效甚微。

朱载堉和邢云路等人的知识结构和历法思想使他们难以突破传统历法的改革思路，加之当时的天文观测等条件也限制了传统历法的改进，所以他的天文实践活动都具有一定的时代局限性。邢云路在钦天监十余年改历工作的失败，在一定程度上也代表了传统历法在明末改历中的失败。

自崇祯二年（1629）起，历法的改革转向以引进西方历法知识和系统为主。虽然随后的改历已经与此前朱载堉和邢云路等人的工作没有直接联系，但是他们在改历方面付出的努力无疑为濒临衰退的传统历法注入了新的活力，明末天文历法的发展也得以出现短暂的复兴。

3 历法转轨：西洋新法的冲击

1628 年崇祯皇帝即位后，政治局面大有改观，因忤逆魏忠贤而丢官的徐光启不仅恢复了礼部右侍郎的职务，并且很快升任礼部左侍郎，钦天监就在其管辖之下。1629 年 6 月 21 日将有一次日食，日食之前，礼部向崇祯皇帝提交了一份预报，其中列出了大统历、回回历法和"新法"三组预报数据[1]。这里的"新法"就是欧洲天文学，其推算结果其实是由徐光启做出的，这是明朝政府在日月食预报中第一次正式采用根据西法做出的预报，这说明，西法已经开始进入到明朝的官方天文工作之中。

经过对日食的观测，发现钦天监的本次预报仍然存在差误，而徐光启的推算独验，崇祯皇帝因此明谕礼部：

> 钦天监推算日食前后刻数俱不对，天文重事这等错误，
> 卿等传与他姑恕一次，以后还要细心推算，如再错误，重治

---

[1] 徐光启、李天经督修：《西洋新法历书·治历缘起》，《中国科学技术典籍通汇·天文卷》（八），河南教育出版社，1995 年，第 651～856 页。

汤若望像

不饶。[1]

礼部因此正式上书请求修改历法，并荐徐光启主持其事，得到
了批准。两个多月后，徐光启正式领取了修改历法的敕书关防，在
北京宣武门内的首善书院设立历局，并召李之藻以及龙华民（Nicolas
Longobardi, 1559 ~ 1654）、邓玉函（Johann Schreck,1576 ~ 1630）
两位教士入局。次年四月及九月，邓玉函、李之藻相继去世，徐光启
又先后将罗雅谷（Giacomo Rho,1593 ~ 1638）、汤若望（Johann Adam
Schall von Bell, 1592 ~ 1666）招至历局。至此，参用西法以改历的计

---

[1] 徐光启、李天经督修：《西洋新法历书·治历缘起》，《中国科学技术典籍通汇·天文卷》（八），
河南教育出版社，1995 年，第 3 页。

划终于得到了实施。

改历工作开始后，基本上是沿着徐光启设计的路线向前推进，其中最重要的一条就是要采用西方天文学。徐光启指出，这次改历过程中除了要详加实测，求合于天外，更重要的是还要做到"每遇一差，必须寻其所以差之故；每用一法，必论其所以不差之故。……又须究原极本，著为明易之说，便一览了然。百年之后，人人可以从事，遇有少差，因可随时随事，依法修改"。他认为，要达到这个目标，就必须"参用"西法，因为在他眼里，只有西法才能对天文问题做到"一一从其所以然处，指示确然不易之理"[1]。

徐氏提出上述方针的目的十分清楚：首先，按此方针既可使明显优于中法的西法得到采纳，又可以保持中国历法的某些形式特征，满足历书在中国所固有的社会和文化功能；其次，通过这样的会通，西法在名义上已成为"新法"的组成部分，这样，可使西法免蹈回回历长期只能与大统历"分曹而治"，不能成为官方正式历法的覆辙。所以，徐氏曾特别指出："万历四十年（1612）有修历译书，分曹治事之议。夫使分曹各治，事毕而止。大统既不能自异于前，西法又未能必为我用，亦犹二百年来（回回、大统）分科推步而已。"[2]徐光启在治历过程中大多称历局所编历法为"新法"，而非称之为西法，其用心看来就在于此。

根据这样的指导思想，徐光启还对新编历法著作的总体框架进行了设计，将其内容划分为"基术五目"和"节次六目"[3]两个经纬相错的方面。其中，"基本五目"是就整体的层次而言：包括"法原"（基

---

[1] 徐光启撰，王重民辑校：《徐光启集》下册，上海古籍出版社，1984年，第334页。

[2] 徐光启撰，王重民辑校：《徐光启集》下册，上海古籍出版社，1984年，第334页。

[3] 徐光启撰，王重民辑校：《徐光启集》下册，上海古籍出版社，1984年，第375～376页。

本天文学原理和理论）、"法数"（用于天文计算的各种天文表与数表）、"法算"（天文计算所需的数学理论与方法）、"法器"（天文与数学仪器）和"会通"（中西天文与数学单位的换算）；而"节次六目"则是指其中所涵盖的具体天文学内容，分为日躔历（研究太阳的运动及其计算）、恒星历（研究恒星的位置及其测量）、月离历（研究月亮的运动及其计算）、日月交会历（研究日月食及其预报）、五纬星历（研究五大行星的运动与计算）以及五星交会历（研究五大行星的会合及其计算）等等。由于徐氏认为，中国传统历法的缺陷即在于"不言其所以然之理"，而要想求得历法能"事事密合、差即能改，又必须深言立法之原"，所以，他特别强调"法原"部分的重要性，并决定在历书中将较多的篇幅用于这个方面。

值得注意的是，徐光启不仅重视历法改革本身，而且还想以此为契机，从根本上提高中国天文学乃至整个科学技术体系的水平。因此他提出，在"事竣历成，要求大备"之后，不能就此止步，而必须进一步做到"一义一法，必深严其所以然之故，从流溯源，因枝达杆"，以期达到"不止集星历之大成，兼能为万务之根本"的目的。其中所谓"兼能为万务之根本"就是要将改历的成果加以推广，其具体目标就是徐光启提出的"度数旁通十事"，即把改历中所取得的天文及数学方面的成果应用到诸如气象预报、兴修水利、考证乐律、兵械城防、财务管理、建筑设计、地理测绘、医疗诊断以及时间计量等十个方面[1]，以利国计民生。

尽管"度数旁通"的宏伟计划最后未能得以实施，但是经过五六年的时间，徐光启构想中的历书却得以完成，先后分五次进呈给崇祯

---

[1] 徐光启撰，王重民辑校：《徐光启集》下册，上海古籍出版社，1984年，第337页。

皇帝，共集成书，并以"崇祯历书"为名印出了样本。全书在内容的排列上基本遵从了"基本五目"和"节次六目"的安排。例如，在《日躔历指》中就明确注明了"崇祯历书，法原部，属日躔"，表明该书属于《崇祯历书》"基本五目"中的法原部，"节次六目"中的日躔历。

至于西法究竟如何"参用"，徐光启提出了"欲求超胜，必须会通"的主张，也就是要通过"会通"来求得"超胜"。而对"会通"的过程中，中、西二法所充当的角色，他也做出了具体规定，即"熔彼方之材质，入大统之型模"，所谓"彼方之材质"即指西方的基本理论与方法，而"大统之型模"则指大统历所代表的中国传统历法在结构形式、基本制度等方面的特征。用徐氏自己的话来说，就是"以彼条款，就我名义"，"譬如作室者，规范尺寸——如前，而木石瓦甓悉皆精好"[1]。

值得注意的是，尽管徐光启提出了"欲求超胜，必须会通，会通之前，必须翻译"的指导思想。但是，翻译并不是历局工作的全部，成书后的《崇祯历书》也不是一部单纯的译作，而是针对中国历法天文学的欠缺和改历的需要，经过再创造的一套科学作品。作为全书的主体，其中的日躔历、恒星历、月离历、交会历和五纬历等部分（包括有关"法原"的"历指"和有关"法数"的"表"）主要参照了第谷（Tycho Brahe，1546～1601）的《新编天文学初阶》（*Astronomiae Instauratae Progymnasmata*）、隆格蒙塔努斯（Christen Srensen Longomontanus，1562～1647）的《丹麦天文学》（*Astronomia Danica*）、哥白尼（Nicolaus Copernicus，1473～1543）的《天体运行论》（*Derevolutionibus orbium coelestium*）、托勒密（Claudius Ptolemy，约90～168）的《至大论》（*Almagest*）以及开普勒（Johannes Kepler，

---

[1] 徐光启撰，王重民辑校：《徐光启集》下册，上海古籍出版社，1984年，第334页。

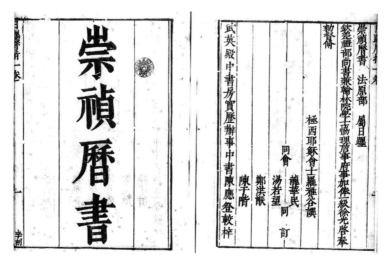

《崇祯历书》书影
法国国家图书馆藏

1571～1630）的《天文学的光学须知》（*Astronomiae Pars Optica*），
但同时也参考了其他欧洲天文名家的著作，包括马基尼（Giovanni
Antonio Magini，1555～1617）的《新天体》（*Nov coelestium*）以及
伽利略（Galileo Galilei，1564～1642）的《星际使者》（*Sidereus
Nuncius*），等等。

尽管《崇祯历书》用到了哥白尼和开普勒的著作，还介绍了伽利
略的望远镜和天文新发现，但在总体上却没有使用以日心地动宇宙模
型为基础的哥白尼和开普勒天文理论体系，而是采用了以"地心—日
心"模型为基础的第谷天文学理论体系。全书堪称是一部欧洲天文学
的大百科全书，涵盖了理论、计算、仪器、观测以及相关数学知识等
方方面面，以欧洲的几何天文学取代了中国传统的代数天文学，以欧
洲的黄道坐标系和周天360度制取代了中国传统的赤道坐标系和周天

365.25 度的仪器与观测制度，以欧洲的平面几何学和三角学取代了中国传统的内插法和函数等计算手段，第一次将中国官方天文学从理论和技术上纳入了西方的轨道，对此后的中国天文学发展产生了广泛、深刻而持久的影响。

围绕着改历、编历这个中心，历局在制器观象方面也做了大量的工作，先后制造了十余种仪器，其中绝大多数为西式仪器，包括象限大仪（大型四分仪）、纪限大仪（大型六分仪）、铜弧矢仪、星晷（星盘之类）、浑天仪、地球仪、天球仪以及望远镜。可惜，除望远镜外，这些仪器大多为木质结构，仅包有金属边框，并不结实，故至清初已毁坏殆尽。除前后几十次用于交食观测之外，历局还用这些仪器，对周天星官的位置进行了验证性测量，在此基础上编成了历书中的《恒星历表》。

当然，《崇祯历书》的编纂过程并非一帆风顺，这一方面是由于明朝政府正处于对内（农民起义军）和对外（清）的战争状态，历局工作有时不得不因战事吃紧而中断；另一方面，历局的工作也时常受到坚持传统历法的中国天文学家的挑战，其中最著名的崇祯三年（1630）四川资县诸生冷守中和次年河北满城县布衣天文学家魏文魁的两次发难[1]。尽管从表面上来看，这两次发难都经过实际天文实测和辩论而被击退，但是很明显，历局的工作之所以没有因此受到大的影响，主要还是因为有徐光启这根"定海神针"。

可惜，徐光启因积劳成疾，在 1635 年过早离世，受他推荐主持历局后续工作的山东参政李天经（1579～1659）无论在天文学水平上，还是在政治地位和影响力上均不及徐光启，因此除了带领历局继续完

---

[1] 石云里：《崇祯改历中的中西之争》，《传统文化与现代化》1996 年第 26 期，第 62～70 页。

成徐光启生前已经规划好的那些编书计划外，基本上无法有效地抵抗反对派的围攻了，结果，魏文魁卷土重来，奉命组成了"东局"，正式参与到官方组织的历法改革之中。从此，历局就卷入了同"东局"、钦天监和其他反对西方天文学和耶稣会士的官员的车轮战中[1]。最后，崇祯十一年（1638）正月十九日，崇祯皇帝下令，撤销在交食测验中屡测屡败的东局，并着照回回科例，将新法存监学习[2]。崇祯十四年（1641）又批准，在钦天监另设新法一科，将新法附于大统历之后参照使用。崇祯十六年（1643）八月间还下令，"朔望日月食，如新法得再密合，着即改为大统历通行天下"[3]；然而，"得再密合"尚未见到，明朝政权便告覆灭，历局上下苦心编竣的新历最终让清朝坐享其成。

小知识◎邢云路与魏文魁

邢云路，字士登，号泽宇，安肃（今河北徐水）人，明末天文学家。据孙承宗《陕西按察使邢公墓志》记载："（邢云路）五岁授句读，每过不忘。八岁就塾师，日记数百言。十八岁，里选茂材第一人，试辄高等。二十八举于乡，又四年，庚辰成进士。"可见他自幼聪慧好学，博闻强记；三十二岁考取进士，年轻得志。邢云路曾官至陕西按察司副使，后至京师参预历事，他是明末传统历法复兴中最为重要的人物，

[1] 石云里：《崇祯改历中的中西之争》，《传统文化与现代化》1996年第26期，第62～70页。
[2] 徐光启、李天经督修：《西洋新法历书·治历缘起》，《中国科学技术典籍通汇·天文卷》（八），河南教育出版社，1995年，第312页。
[3] 徐光启、李天经督修：《西洋新法历书·治历缘起》，《中国科学技术典籍通汇·天文卷》（八），河南教育出版社，1995年，第413页。

也是万历年间唯一进入钦天监改历的民间天文学家。在任河南佥事任上，他发现大统历与天象实测不合，奏请改历，但受到钦天监官员攻击。万历三十六年（1608）他在兰州建造六丈高表观测日影，写成《戊申立春考证》一书，得出古代历史上最为精确的回归年长度，与现代理论计算值只差2.3秒。万历三十八年（1610）他被召入京改历，完成《古今律历考》七十二卷，指陈授时历和大统历得失。

魏文魁（1557～1638），自号玉山布衣，河北满城人，著有《历元》《历测》二书。他与邢云路可以说是亦师亦友，是明末研究中国传统历法的重要人物。万历年间，邢云路研究传统历法问题时，曾与魏文魁共同讨论古今历法，邢云路夸其"古之祖冲之、陈得一其人也"。崇祯年间，魏文魁曾与徐光启就中西历理进行了激烈的辩论，徐光启去世后，他应召建立东局参与改历，与历局的西法抗衡。崇祯十一年左右，因魏文魁离世，其改历夙愿未能实现。

◎《崇祯历书》

《崇祯历书》是在徐光启和李天经等人的主持下，由在华耶稣会士和历局官生共同参与，为崇祯年间历法改革而编撰的一部著作。该书较为全面地介绍了当时欧洲的天文学知识，被认为是中国历史上最大的一次天算引进项目，也是明末西方天文学东渐最重要的成果。对此，梁启超就曾指出"明末有一场大公案，为中国学术史上应该大笔特书者，曰：欧洲历算学之输入"，《崇祯历书》则是历算学界中丰厚的遗产之一。

　　《崇祯历书》的初稿在徐光启在世时大多已经编定并进呈，其后由李天经继续主持编修。该书完成以后，因为各方对历法的争论极为激烈，被搁置十余年，直至崇祯末年才被采用。入清后，该书又被数度易名和重编，顺治二年（1645）汤若望把之前《崇祯历书》的呈进和未呈进本加以增删、改编和重新挖刻，更名为《西洋新法历书》进呈于清廷。1673年，南怀仁（Ferdinand Verbiest，1623～1688）[1] 再度将其易名为《新法历书》。乾隆年间，该书被收入《四库全书》后，为了避讳，又被改名为《新法算书》。

---

[1]　南怀仁，比利时耶稣会士，清初最有影响力的来华传教士之一。

六 正史中的授时与大统

自司马迁开创纪传体史书传统以来，官方正史中通常给予天文学部分以专门的篇章，主要包括天文志和律历志等。其中，二十四史载有律历志（或历志）的就有十七部之多，这些是我们了解中国古代天文和历法的重要资料，授时历和大统历则被分别载入《元史》和《明史》的历志当中。

1 《授时历经》亦有未载

　　洪武元年 (1368) 八月，明军攻克元大都，获得大量档案资料。朱元璋认为，"自古有天下国家者，行事见于当时，是非公于后世。故一代之兴衰，必有代之史以载之"，于是十二月任命宋濂(1310～1381)为总裁纂修《元史》，洪武二年（1369）二月，开局于南京天宁寺，至次年七月，即告完成。其中，《元史·历志》是《元史》的重要组成部分，它编纂的意义在于，一方面保存了授时历的基本数据和主要内容，是后人了解授时历的最主要的资料来源之一；另外书中还保存了李谦的《授时历议》，尤其是记载了很多当时关于历法考验和历理方面的内容。

　　事实上，郭守敬出任太史令后，授时历当时还仅是初稿，在规整推步方法和编算表格等方面还有待整理与完善。在编纂工作中，齐履谦是郭守敬的得力助手之一，据记载"新历既成，（齐履谦）复预修《历经》《历议》"，而据齐履谦所言："时历虽颁，然其推步之式，与夫立成之数，尚未有定稿。守敬于是比次篇类，整齐分秒，裁为《推步》七卷、《立成》二卷、《历议拟稿》三卷、《转神选择》二卷、《上中下三历注式》十二卷"，全部工作大约到至元二十七年（1290）

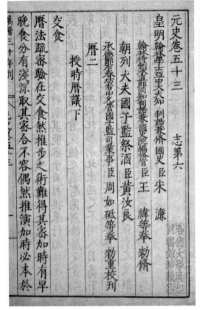

《授时历议》（左）和《授时历经》（右）
万历三十年国子监刻本

才最终完成。

　　另据记载，至元二十三年（1286）二月癸亥，"太史院上《授时历经》《历议》，敕藏于翰林国史院"。杨桓专撰有《进授时历经、历议表》记述此事，提及所进著述有"《授时历经》三卷、《立成》二卷、《转神注式》一十三卷、《历议》三卷。已缮写成二十一册，随表上进"，这些都是郭守敬第一批进呈的著作。[1]

　　郭守敬所撰五种二十六卷大概内容如下：《推步》七卷，依次应

---

[1]　齐履谦与杨桓所述著述的名目及卷数有所不同，其实二者是大同小异的。杨桓的卷数，是指册数而言，即以一册为一卷，而齐履谦所说卷数应该是各著述真实卷数。

为步气朔第一、步发敛第二、步日躔第三、步月离第四、步中星第五、步交会第六和步五星第七，现载于《元史·历志》的卷三和卷四中。《立成》二卷，为授时历推算所需的各种天文数据表格，《元史·历志》未收，目前韩国首尔大学奎章阁藏有《授时历立成》的朝鲜李朝铜活字刻本。《历议拟稿》三卷是关于授时历治历原则、革新内涵与前代历法得失等内容。《转神选择》二卷和《上中下三历注式》十二卷应该都是用于介绍编印历书所需历注的著作。

关于《历议拟稿》和《历议》的关系，据记载至元二十年（1283），"诏太子谕德李谦为《历议》，发明新历顺天求合之微，考证前代人为附会之失，诚可以贻之永久，自古及今，其推验之精，盖未有出此者也"，《历议》现载于《元史·历志》卷一和卷二中，被称为《授时历议》。从该书内容看，既有关于晷景等长年实测数据及相应计算方法的描述，又有关于历史上诸多冬至时刻以及日月食初亏、食甚或复满等时刻的推算结果的记述，还有诸多对历代历法以及历理的评述。《历议》所展示的丰富内涵主要应是出自郭守敬，更确切些说，是出自郭守敬和王恂等人集体的工作与思考，最终由李谦在《历议拟稿》三卷的基础上加工润色而成。

至元二十三年（1286）到至元二十七年（1290）之间，郭守敬又先后完成第二批著作，共计九种七十九卷。其中，《修改源流》一卷大概是关于前代历法沿革及其主要特征的介绍；《时候笺注》二卷应当是关于二十四节气和七十二候的论述；《仪象法式》二卷是关于天文仪器尺度和形制的记述；《二至晷影考》二十卷是对古今晷影测量及二至时刻推算方法的考证；《月离考》一卷是关于月亮运动的研究和考证；《古今交食考》一卷是为古今日月交食的考证；《五星细行考》五十卷是对五星运动的详细推算及其观测结果的分析；《新测二十八舍杂坐诸星入宿去极》一卷是用简仪观测所得二十八宿和其他传统星官的入宿度与去极度等坐标值的星表;《新测无名诸星》一卷是用简仪观测所得二十八宿和其他传统星官之外的一批恒星坐标值的星表。

郭守敬大约前后用了十年时间,先后完成了不少于十四种一百零五卷的系列著作,对授时历的编制以及后续的天文观测工作做了全面、系统的总结。然而,这些著作,除了少部分内容经整理后存于《元史·历志》外,绝大一部分均已失传。清代初期,还存有郭守敬的《授时历草》一书,其中"有算例、有图、有立成,历经之根多在其中",梅文鼎(1633~1721)鉴于世人"深谙者希,传写多误,凶稍为订正,而于义之深微者,特为拈出,庶俾学者知其所以然,而法非徒设矣"。《授时历草》的部分内容后被梅文鼎收入《明史·历志》中。可见,授时历的背后有着大量的研究工作和著述,当时历法的很多细节已经无法得知。在庆幸《历经》和《历议》部分的主要内容得以载入《元史》外,我们也不得不叹息《授时历经》亦有未载,我们如今能看到的授时历,只是当年辉煌历算成就的冰山一角。

2 虽为大统而作，实阐授时之奥

《明史》是官修正史中用时最久的一部，自顺治二年（1645）至乾隆四年（1739），历时九十五年，其纂修前后经历四次开馆，五任监修，七易总裁。馆务的纷更，也导致了史稿的内容和体例屡遭变动。作为《明史》中重要的一部分，其历志的纂修过程也相当复杂。

《明史·历志》的正式纂修起始于康熙十八年（1679），时任职纂修的施闰章与梅文鼎为同里，他认为"当今国家方纂修《明史》，使得定九（梅文鼎）参与其中，修天文、律历诸志，即未知视淳风何若，当有客观"，故寄书相询，嘱梅文鼎为《历志》撰稿。梅文鼎当时正应江宁按察使金长真之召，授经官署，无暇北上，只得撰《历志赘言》一卷，表明自己的态度，梅文鼎认为，通过这次《历志》的纂修，应该做到弥补《元史》授时历的不足，备载回回历法的内容和西洋新法之缘起，详细阐述朱载堉的历学，以及附录袁黄、唐顺之、周述学等人的历学工作，他的这些建议在《明史·历志》的最初纂修中基本都得到了采纳。

《明史·历志》的第一份史稿即为梅文鼎所提及，由吴任臣（1628～1689）撰写，汤斌（1627～1687）裁定之稿。吴任臣《历志》

稿大约成于康熙二十二年（1683）。汤斌升任史馆总裁后，分任天文志、历志、五行志等卷的删改工作。康熙二十三年（1684），在出任江苏巡抚之前，据其所言，当时"已经删改《天文志》九卷、《历志》十二卷"；但他自认为"于天文、历法，学非专门"又"恭承简命，出抚江苏，不能复与史事"，只得"将改定志、传缮写成册，付史官诸臣参定"。汤斌裁定稿，于康熙二十七年（1688）刊印，即《潜庵先生拟明史稿》。康熙二十六年（1687），汤斌去世，据梅文鼎记载"潜庵殁后，事总属昆山（徐元文），志稿经嘉禾徐敬可善、北平刘继庄献廷、毗陵杨道声文言诸君子，各有增定，最后以属山阴黄梨洲先生宗羲"。这一阶段，又以黄宗羲（1610～1695）的贡献最为突出，黄宗羲晚年虽过着与清廷不合作的移民生活，但对《明史》的纂修极为关注，并支持弟子万斯同（1638～1702）、万言（1637～1705）和儿子黄百家（1643～1709）参与修史。

康熙二十三年（1684），汤斌在其删改《历志》不久后，即请梅文鼎校订，梅文鼎曾言"甲子，潜庵汤公屡辱询及，欲以《明史·历志》属为校定"。多年后，梅文鼎入京，才再次受徐元文之邀，摘出史稿讹舛数十处。直到徐元文去世（1691）后，才得知他所修改之稿，即黄宗羲稿本。康熙二十九年（1690）黄百家进京编写《明史·历志》[1]，以授时表缺商之于梅文鼎，梅文鼎不但通过《历草》[2]和《通轨》予以补充。

此后，《历志》稿本又经黄百家增补，逐渐形成了万斯同本《历志》，最终由黄百家于康熙三十年（1691）四月既望，纂成送上。但《历志》随后的纂修却并非一帆风顺。黄百家完成《历志》后，因呈送史馆的

---

[1] 康熙二十九年庚午(1690)仲秋，黄百家以其父年老不能久留意决南还，监修张玉书知其谙识历法，与诸总裁特以《明史·历志》见嘱。

[2] 即《授时历草》。

清册遗失，自己又未留底稿，于是康熙三十八年（1699）秋冬，奉命重纂。《明史·历志》最终属稿者为梅毂成（1681～1764），梅毂成在《上明史馆总裁》书中指出"《历志》半系先祖之稿，但屡经改窜，非复原本，其中讹舛甚多，凡有增删改正之处，皆逐条签出"。可见，《明史·历志》书出众手，除了早期吴任臣等人的撰写和增订外，以黄宗羲、黄百家父子，梅文鼎、梅毂成祖孙的贡献最大。

《历志》的纂修自古就是史书编修的难点，正史中并非都有《历志》，能得到广泛认可的则更少。近人朱文鑫认为"天文为专门之学，非史家所能道其详"，而"苟无专家之助，惟有付诸嗣如"。参与《明史·历志》纂修的梅文鼎也指出"按史之有志，具一代之典章，事事征实，不可一字凿空而谈，较之纪传颇难"，而相比之下"至于天文、历法，尤非专家不能"，这应当也是他参与纂修的感受。

《明史·历志》正式纂修时，已入清多年，大统历早已废止，而改用西洋新法。时隔百年，这时的矛盾已由明末的夷夏之争，转为中西之争。如黄氏父子就担心"自今新法之历行，郭氏之术势将绝传于后世矣！"并强调"一代之制作尚不忍其绝传，忍令黄农尧舜以来相传之大法，听其绝传乎？于此《明史·历志》中不为之显显焉，发明而存之，将更于何处存之耶？"而且"大统原即授时，《元史》不能存授时，今欲于大统存之，即或有重出之处不必避也"。可见，黄氏父子考虑的是如何更好地保存传统历法这一遗产，而最好的办法自然是将其存于正史中，以广其传。

《明史·历志》是首次，也是唯独一次使用图的历志，后人对此评价也颇高。金毓黻就曾指出"《明史》之佳，本非一端……前史有志而无图，《明史·历志》则增图以明历数"，朱文鑫亦言"志之有图，尤为《明史》之特创，盖非图不足以算理"。《明史·历志》中的图

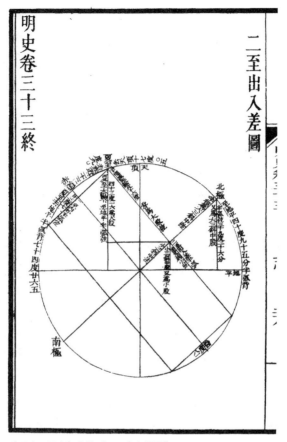

《明史·历志》中的"二至出入差图"

集中于"法原"部分，主要用于解释弧矢割圆、黄赤道推变，以及盈缩招差术等内容。梅文鼎也指出，这些方法为"历家测算之本，非图不明，因存其要者数端"。

《明史·历志》与前代相比，也有其独特之处。首先，虽为大统历纂志，实则为补修授时历，而这与编修者的目的和动机有关。事实上，万历年间就曾因"大明国史独无《历志》，岂非缺典之最大者"，而计划纂修《历志》，但当时史官却难于措手。究其原因，王应遴在天启三年（1623）的奏疏中提到"万历二十二年（1594）间奉旨纂修正史，彼时以《历志》派与编修黄辉，辉曰：做得，成是几卷《元史》"，因为大统历沿袭授时历，常被认为无所发明，故《历志》难以成书。而当时明朝很多人也因"我国家治超千古，独历法仍胡元"而尴尬。以致多年后，崇祯年间魏文魁改历仍旧强调"臣之法详加测候，考正历元，可以一洗胡元之陋"。

　　《明史》中的大统历最初以元统的《通轨》为断，由于梅文鼎和黄宗羲等人强调"明用大统，实即授时"，《明史·历志》实际成了"补《元志》之未备"，这也使得《明史·历志》和《通轨》有着本质的区别。首先，在体例上，《通轨》为了布算的方便，以历日、太阳、太阴、交食、五星和四余等计算功能划分为六卷，并将立成表分散于各卷中。而《明史》将大统历分为法原、立成和推步三部分，分别叙述其原理、算表和算法；并确定为法原之目七、立成之目四、推步之目六，共计十七目。在推步上，《明史·历志》的一些算法既不同于《通轨》，也不同于《授时历经》，甚至不同《明史》版本间亦有差别。也就是说，在一些推算步骤上，《明史·历志》也没有直接采用郭守敬或明代钦天监的方法，而是加入了作者自己的想法。

────────────────────────────────────

小知识◎《律历志》

　　研究中国古代天文和历法，自当于正史中求之，而正史又以二十四史是赖。自司马迁著《史记》以来，在中国形成了历代为前代撰写史书的传统。从《史记》至《明史》共二十四部，被统称为二十四史，其中有十七史专门著有天文和律历等志。《律历志》中较为系统地保存了不同历史时期的四十余种历法的主要内容，是研究中国古代天文和历法的重要参考材料。

现行二十四史中，《汉书》以历法和音律部分合并称为《律历志》，为此后史书所仿效，如《后汉书》《晋书》《魏书》《隋书》《宋史》皆承之，不过也有《宋书》等则采用律、历分志。大多《律历志》，分为历法沿革和历法术文两部分内容，前者介绍各历法的发展历史和修历过程，后者介绍历法的主要天文常数和历法推算步骤等。

然而，在《律历志》的编修过程中，由于《律历志》的篇幅限制，收入《律历志》的往往只是历法的很小一部分内容，如大多历法的"立成"部分基本都被省略。《律历志》通常还会根据不同的情况，对历法的内容进行简化或压缩处理，使其更加符合史书的体例。

◎立成

在中国古代天文算表的发展过程中，自隋唐之后，一个新的名词"立成"开始出现并逐渐被使用。《中国古代天文学词典》中对"立成"的解释为"指与日、月、五星不均匀运动改正相关的速算表格，类似于现代的表格计算法，立成多以日、度（或更小的单位）为表列间隔，日、度以下余数部分以比例内插计算"。虽然这一解释依然不是很完善，不过"立成"是一种算表这一基本观点是被广泛接受的。"立成"的字面含义是立即成功，即指一种快捷的方法，古代各类文献中往往还记载有"立成图""立成诀"等以"立成"为名的图或歌诀，其作用就是为了推算便捷。事实上，在中国古代天文历法中所提到的"立成"大多情况下皆特指"表"的意思。

从现有文献可以发现，"立成"一词最早出现在一些隋唐占卜数术书籍中。由于占卜书籍多数都是提供给普通人使用的，使用简单的表格来代替烦琐的叙述及推算，更能符合普通读者在使用过程中追求简便的需求，所以可以猜测中国古代天文历法中"立成"的出现可能受到中国传统数术书籍的启发。

中国古代传统历法中最早有明确记载使用"立成"的为唐代大衍历（编修于728年），大衍历之后的大多数历法也均在编修历经的同时编算"立成"，以求计算之快速便捷。至于"立成"为何在大衍历之后被广泛用于中国天文学，其是否受当时外来文明影响也是值得思考的问题。

另外，"立成"的出现也与中国天文学自身发展的需求有关。随着6世纪张子信对太阳和五星运动不均匀性的发现，以及不久刘焯（544～608）对等间距二次差内插法的发明，使历法中运用的数学方法提高了一个层次。当数学方法逐渐复杂化和对插值计算的要求越来越高时，这种可以减轻计算负担、可以"立即成功"的表格的重要性也就凸显了。授时历中就包含有相关"立成"，可惜未收入《元史·历志》，目前韩国首尔大学奎章阁图书馆藏有朝鲜李朝铜活字刻本《授时立成》，署名为"嘉仪大夫太史令臣王恂奉敕撰"。

朝鲜李朝刊印的元代《授时历立成》
韩国首尔大学奎章阁图书馆藏

对于《授时历立成》，清代梅文鼎还曾评价："据史，立成之算皆太史令王公恂卒后，经郭公（守敬）之手而后成书。今监本只载王（恂）名，盖不敢以终事之勤没人创始之美，古人让善之义令人起敬也。"

七 域外传播与影响

古代朝鲜、日本和越南等国，为满足各自在历法知识方面的需求，就仿照中国设立官方天文机构，负责天象占候和历法的制定。中国也通常将向各藩属国颁送历法，作为显示宗主国地位的重要手段，因此中国古代历法向周边各国的传播，不仅涉及科学与文化的交流，也有着浓厚的政治色彩。

1 中朝书来，永为定式：
古代朝鲜的学习

中国与朝鲜半岛陆地接壤，交通便利，在政治、经济、文化和科技等方面自古就有十分密切的交流。朝鲜历代统治者都注重向中国学习天文历法方面的知识。《高丽史·历志》称："夫治历明时，历代帝王莫不重之，周衰，历官失纪，散在诸国，于是我国自有历。"这段话虽非信史，却也道出了古代中国和朝鲜半岛在天文学上的渊源关系。

自公元前 57 年前后开始，朝鲜半岛上先后出现了新罗（前 57～935）、高句丽（前 37～668）和百济（前 18～660）三个王国，它们都注重借鉴和模仿中国的各项制度。在历法方面，当时百济曾"用宋元嘉历，以建寅月为岁首"。619 年，高句丽"遣使入唐，请颁历"，所采用的应该是当时唐朝傅仁均的戊寅历。而 674 年，新罗入唐宿卫的大奈麻德福"传学历术还"，其学回的可能就是唐朝李淳风的麟德历。尽管古代朝鲜天文学家不乏自己的创造，但中国的天文历法体系，从基本学科制度到知识内容，都几乎被他们全盘照搬，这就使他们的天文学始终是处在中国天文学的影响之下，与中国天文学属于同一系统。

由于中、朝历代各王朝之间的天文学交往主要都是在官方背景下展开的，因此它也成为两国外交活动中的一个重要而特殊的组成部分。这种交往既体现了中国发达的天文历法知识对邻国的影响，同时也反映了这种知识在两国政治关系的互动中所扮演的特殊角色。两国间宗藩关系背景下的这种天文学交往在中国元朝时期就初具规模，到了明朝更是得到较大发展，使得中国的天文学成果系统地传入朝鲜半岛，极大地提升了那里的天文学发展水平。

至元十八年（1281），授时历被元朝政府正式采纳。同年，忽必烈就遣使将新历书颁发到了高丽。前去颁历的王通等人也是天文学家，他们在高丽期间"昼测日影，夜察天文"，并"求观我国地图"[1]。他们所做的工作无疑是郭守敬大地天文测量（即所谓"四海测验"）项目的组成部分，因为这次测量的范围就有"东极高丽，西至滇池"[2]之称。《元史·天文志》等中国史书中记载的高丽北极出地度（三十八度少）应该就是王通等人在高丽的测量结果。将之换算成现代单位，相当于北极出地 37° 42′，与高丽都城开城的地理纬度基本相同。

授时历传入高丽后，高丽政府开始设法学习其编算方法。与此前的唐、宋等王朝一样，元朝也禁止私习天文，因此，作为一个藩属国，要想从元朝学到天文历法并不太容易。至元十五年（1278），被封为太子的高丽忠宣王王璋（1275～1325）被送到大都做质子，并在那里长大成人。大德二年（1298），他回国登基王位不成，再次回到大都，王璋"见太史院官之精于此术，欲以其学流传我帮。越大德癸卯、甲

---

[1] 《高丽史》，卷二十九。

[2] 《元史》，卷四十八。

辰年间（1303～1304），命光阳君崔公诚之捐内币金百斤，求师而受业，具得其不传之妙"[1]。从此，授时历便为高丽天文学家初步掌握，并据以编制自己的历书，于忠宣王时期（1309～1313）正式颁行国内。

后来，崔诚之把自己的所学传授给姜保，姜保也因精通授时历而被任命为书云观司历，最后还被提升为书云观观正，姜保根据自己所学，编写了《授时历捷法立成》两卷，并得以流传至今。[2]不过，由于高丽天文学家没有学会授时历的开方之术，所以"交食一节尚循宣明历"[3]。此时的交食预报，通常还需依靠元朝的通告。例如，《高丽史·天文志》记载"忠肃王七年（1320）正月辛巳朔，元来告，日当食"，"恭愍王元年（1351）四月癸卯朔，元使告日食，不果食……二年九月乙丑朔，元告日食，不果食"等。此外，高丽历法家们显然也未学到授时历行星推算部分的知识。

明王朝建立之后，高丽很快与之建立联系。洪武二年（1369），明朝政府派遣使臣前往高丽，所带礼品中就有"《大统历》一册"[4]，这标志着明朝与朝鲜天文学交往的开始。洪武二十五年（1392），李成桂建立李朝。明朝政府出于政治上的考虑，把向李朝颁送历书作为一种制度，长期保持，每年颁送"朝鲜国王历一本，民历一百本"[5]。李朝的第三位国王世宗大王李祹（1397～1450）是一位雄心勃勃的君主，他一心想要推动朝鲜在礼乐和文化等方面的发展，而代表一国独立性的天文历法也就成为他发展的一个重点，所以，他也格外重视对中国天文学的学习和引进。在这种情况下，明朝与李朝之间的天文学

[1] 姜保：《授时历捷法立成》，韩国科学技术史资料大系(4)，首尔：骊江出版社，1986年。
[2] 石云里：《古代朝鲜学者的〈授时历〉研究》，《自然科学史研究》1998年第四期，第312～321页。
[3] 《高丽史》，卷五十。
[4] 谢晋等：《明太祖实录》，卷四十四。
[5] 申时行等：《明会典》，卷一百二十一。

朝鲜世宗大王李祹

交往出现了空前的发展。

李祹先后多次派天文学家前往明朝学习，通过各种途径，李朝从明朝获得了一大批天文著作[1]。除了中国正史"历志"中的《大明历》《庚午元历》《授时历经》和《授时历议》外，还有明朝初期中国天文学家所完成的几部重要著作，其中就包括《大统历法通轨》。[2]

---

[1] 关于李朝对这些著作的获得，见 [朝鲜] 佚名《四余通轨跋》。关于这篇跋文中所提到的中国天文著作的详细讨论，见石云里、魏弢：《元统〈纬度太阳通径〉的发现——兼论贝琳〈回回历法〉的原刻本》，《中国科技史杂志》2009 年第 1 期，第 31 ～ 45 页。

[2] 李亮、吕凌峰、石云里：《从交食算法的差异看〈大统历〉的编成与使用》，《中国科技史杂志》2010 年第四期，第 414 ～ 431 页。

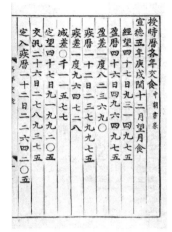

朝鲜李朝刊印的《授时历各年交食》

该书名为《授时历各年交食》，实际内容为大统历推算

　　明朝初期的几部最重要历法著作基本已经被李朝天文学家悉数获得，无一遗漏。由于明朝对私习天文和私造、私印历书厉行禁止，在这种情况下，作为藩属国的朝鲜，能够如此迅速而全面准确地获得明朝官方天文学家撰写的著作，这不能不令人感到惊奇。

　　以朱元璋以及明初各帝王对藩王的忌惮与防范心态，肯定不可能在关乎"天命所在"的历法问题上对朝鲜网开一面，为其搜罗相关著作和学习相关知识开方便之门，李朝官员之所以能获得成功，必定另有蹊径，而且能直通明朝钦天监的内部，关于这一点我们可以找到一些线索，譬如李朝官员从明朝获得的《授时历各年交食》。

　　《授时历各年交食》共一卷，附于《大统历法通轨》中《交食通轨》之后，卷首写有"授时历各年交食，中朝书来"，内容为用《交食通轨》

中的方法对宣德和正统年间的日月食进行计算的具体算例。

在明代，能够用官方历法系统对每年的交食进行计算的只有钦天监，在明朝这些内容当属高度的国家机密。然而对于这样的机密文件，李朝官员都能从"中朝书来"，没有十分特殊的途径肯定不行。当然，他们完全可以像崔诚之学授时历那样，通过重金达到向钦天监官员"求师而受业"的目的。但是，在李朝和明朝之间，当时是否有像忠宣王王璋那样长期居住中国都城，熟悉中国朝廷的"推手"呢？这还有待进一步的研究。

不管怎么说，这些著作的输入为李朝天文学的发展提供了丰富的资料，于是在明正统七年（1442），李祹便命奉常寺臣李纯之、奉常主簿臣金淡对《授时历》同《大统历法通轨》的异同进行甄别，去粗取精，编成《七政算内篇》三卷；又对《回回历经》和《西域历法通径》等书进行了认真消化，编成《七政算外篇》三卷。同时，他们又根据李朝都城的地理纬度，重新计算了每天日出、日落以及昼夜长短的时刻表，附录于上述两部自撰著作之中。到此为止，朝鲜李朝第一次拥有了真正从形式上属于自己的官方历法系统，被用于书云观的历书和日月食推算之中。

2　朝鲜李朝历法的"双轨制"

李朝初期，朝鲜与明朝之间的天文学交往得到了空前的发展，并取得很大的成效，甚至在很多方面超越了明朝，成为朝鲜科学史上最为辉煌的一页。李朝政府也拥有了一个人员、仪器设备和知识体系都十分完备的天文机构，形成了系统的取才考试、培训绩效以及日常工作的稳定制度[1]，有能力像明朝钦天监一样进行观象、星占、授时、日月食预报以及本国历书的编算颁行工作。可以说，李朝早期君主在知识与政治上的抱负得以完全实现。

李朝在历法上也开始实行"双轨制"：一方面，他们继续接受颁自中国的大统历（称为"唐历"），并行用明朝年号，以尽藩属国之义；另一方面，他们采用《七政内篇》推算，在本国颁行自己的历书（称为"乡历"），对于日月食预报以及有关每年日、月、五星动态的《七政历》，他们也完全都能自行计算。在预报日月食时，他们甚至还会同时使用《大统历》《七政算内篇》《七政算外篇》三种系统进行计算和比较。而对于《七政历》，他们最初每年只为国王提供一本，规定"不准印出"，

---

[1]　有关这些制度，参见 [朝鲜] 成周德：《书云观志》，首尔：诚信女子大学出版部 1979 年影印本。

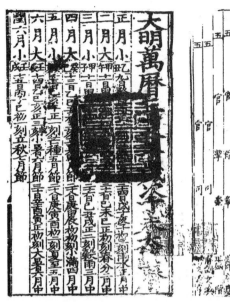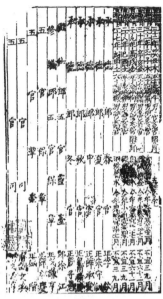

明代钦天监刊印《大明万历三十五年（1607）岁次丁未大统历》

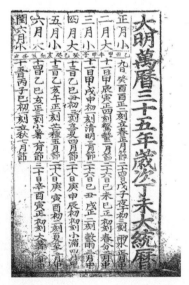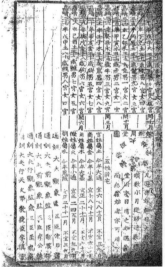

朝鲜观象监私印《大明万历三十五年（1607）岁次丁未大统历》

直到成化二年（1466），观象监（即原来的书云观）才以"星经相考时，凭考无据"为由，"请自今令典校署印二件，一件进上，一件藏于本监"，得到批准 [1]。

但是，对于明朝政府来说，如果发现一个藩属国在天文历法方面居然达到这样的规模和水平，那绝对是不可容忍的，关于这一点，李朝权贵们其实心知肚明，并且有所提防。例如，成化五年（1469）新春，有明朝使臣即将来访。朝鲜国王即命承政院传令沿途地方官，"明使若欲见历日，辞以唐历未来，勿见乡历" [2]。当然，要对少数几个使团成员封锁消息肯定不是很难，难的是如果有中国官员长期停留在朝鲜境内时，再想保密恐怕就很困难了。

万历二十年（1592），丰臣秀吉（1537～1598）入侵朝鲜，明朝派遣军队援朝抗日，起初倒也无事，但到万历二十六年（1598），明朝经略杨镐（？～1629）在岛山之战中因进攻受挫而撤军，明兵部主事丁应泰前往勘战。他先弹劾杨镐，致使杨镐被罢官，后竟然又对为杨镐鸣不平的朝鲜国王李昖（1552～1608）提出弹劾，并列出其三条罪状：第一，朝鲜认为辽河以东为其故土，为了恢复故土，故意"诱倭入犯"；第二，朝鲜所编关于日本国情的《海东纪略》一书不遵明朝正朔，僭称皇号，有违藩国礼仪；第三，李昖"暴虐臣民，沉湎酒色"，与杨镐结党，欺骗天子。

丁应泰的弹劾再次掀起了一场政治风波，而他的第二条指控则引发了李朝对本国"私造"历法问题的担心，并有官员提出不应该继续颁行本国历书：

---

[1] ［朝鲜］《世祖实录》十二年十月二十一日。

[2] ［朝鲜］《睿宗实录》，卷三。

中朝颁正朔于八荒，八荒之内岂有二历书乎？我国之私自作历，极是非常之事。中朝知之，诘问而加罪，则无辞可对。凡中朝之历，有踏印，其无印信者，皆私造。私造者，于律当斩；其捕告者，赏银五十两。今用唐历印出，则虽有诘之者，可以国内不能遍观，势不得已印出为辞。于理顺，吾何畏彼哉？若印出我国所作之历，则是不用中朝之历，而自行其正朔于域中也。观象监所称，欲洗补而仍颁者，假托之辞耳。我国人心，素慢不谨。累千部历书，其谁一一洗补？况昼夜时刻，仍存不改，人之见之者，必以为私作之历也无疑。自古天下地方，东西远近，各自不同，岂皆随其国，而必改其刻数乎？仍颁之令一下，或相取去，或相转卖，传布国中，无处不到。丁应泰方在国内，彼既与我有隙，吹毛觅疵，狷然而旁伺。万一得此历，而上奏参之曰"朝鲜自谓奉天朝正朔，历用大明历云，而有此私作之历，臣欺皇上乎？朝鲜欺天朝乎？愿陛下，下此历于朝鲜，试问而诘之"云，则未审此时观象监提调当其责而应之乎。观象监久任者，赴京师而辨之乎？予实不敢知也。不但此也，深恐丁也，幸得往岁之历，以为自售陷人之地，予方凛然而寒心，其又益之以新历乎？历可废而祸不可测。予意我国所撰之历，决不可用也。[1]

从这段文字来看，丁应泰在弹劾李昖的过程中，也许还直接利用过历书方面的证据："幸得往岁之历……其又益之以新历乎？"尽管李昖也拿这件事"问于大臣"，但显然李朝政府并没有就此停止颁行

---

[1] [朝鲜]《宣祖实录》，卷一百零七。

自己的历书，但这件事情表明，对这些行为在政治上的性质和后果，李朝权贵们是有清醒认识的。

不过，到了明后期，随着两国之间的政治和军事交往的加深，对明朝官员来说，朝鲜有自己的历书已经不是什么秘密了。在天启五年（1625）新春，就出现了时任明平辽总兵官左都督毛文龙（1576～1629）向李朝官员索要朝鲜新年历书的事情，对此，朝鲜史书中作了明确记载：

> 毛都督求新年历书，朝廷许之。诸侯之国，遵奉天王正朔，故不敢私造历书，而我国僻处海外，远隔中朝，若待钦天监所颁，则时月必晏，故自前私自造历，而不敢以闻于天朝例也。都督愿得我国小历，接伴使尹毅立以闻，上令礼曹及大臣议启。皆以为，若待皇朝颁降，则海路遥远，迟速难期，祭祀军旅吉凶推择等事，不可停废。故自前遵仿天朝，略成小历。以此措语而送之为便。上从之。[1]

可见，此时的朝鲜国王和大臣也认为，没有必要向明朝官员隐瞒此事，因为他们完全可以为自己的行为找到合适的理由：中朝路途遥远，钦天监所颁历书不能及时到达，不能及时满足朝鲜在祭祀军旅、吉凶推择等方面对历书的需求。对于这样的解释，明朝官员看来也只能接受，况且，此时的当务之急是联合朝鲜，共御正在辽东崛起的后金势力。

---

[1] ［朝鲜］《仁祖实录》，卷八。

3 授时历在古代日本的流行

作为古代最为发达的科学技术之一,中国历法影响了日本长达一千五百余年,而中国历法可能最早是通过朝鲜半岛传入日本的。据《日本书纪》记载,钦明天皇十四年(553)日本向朝鲜百济国征集历学、易学和医学方面的书籍和专家。次年,百济随即遣易博士王道良、历博士王保孙、医博士王有俊赴日。

隋开皇二十年(600)日本遣使长安,随后遣使来华也一度成为定例,这也促成了中日天文历法交流的一次高潮。另据《日本书纪》载,日本持统四年(690)"十一月甲申,奉敕始行元嘉历与仪凤历"。其中的元嘉历即何承天于刘宋元嘉二十年(443)编制的历法,仪凤历则是李淳风于唐麟德元年(664)制定的麟德历。元嘉和仪凤两历大约在日本一同使用了八年,自日本文武二年(698)至天平宝字七年(763)又单独使用仪凤历多年。

自764年至857年,日本改用一行于唐开元十五年(727)制定的大衍历。天安元年(857),又改用郭献之于唐宝应元年(762)制定的五纪历。自日本贞观三年(861)以后,又采用徐昂于唐长庆元年(821)制定的宣明历,一直持续到日本贞享元年(1684),时间长达八百多年。

隋唐时期，日本对中国历法的引进比较积极，麟德历、大衍历与宣明历等历法在中国行用不久，即被日本采用。宽平六年（894），遣唐使制度被废止，两国间的官方交流时断时续，加之此后日本长期处于战乱，也无暇考虑历法改革的问题。而元初忽必烈两次征讨日本，又进一步导致了中日间的交往完全中断，所以自宣明历之后，日本没有再引进中国的新历法。

由于历史和政治原因，在授时历问世后，日本并没有像高丽那样及时改用授时历，所以授时历传入日本的具体时间不详。最迟在景泰四年（1453），授时历随《元史》被僧侣传入日本，其中包括有《授时历议》《授时历经》以及郭守敬的天文仪器等知识。

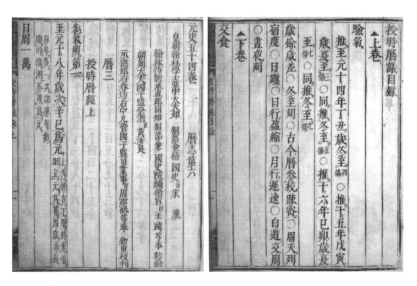

日本刊印的《授时历议》和《授时历经》

明初两国交流逐渐恢复，明洪武四年（1371），日本王良怀遣使节来华，太祖朱元璋"诏赐良怀《大统历》"。此后日本使节又多次来华，并得以"颁示《大统历》"。[1] 不过，与这些历书相应的历算书籍没有同时传入日本，使得日本无法掌握相关历书编制原理，所以大统历当时在日本的影响十分有限。

江户时期（1603～1867），天主教流传日本，并很快遭到官方禁止。为了防止各种"邪说"的"妖书"的流入，自宽永七年（1630）开始，日本开始限制所有运抵日本的外国书籍，这就是日本历史上著名的"宽永锁国"，其时间持续了近一个世纪。所幸宽永锁国期间，中国的传统天文和历法著作不受限制，因此一些新著作得以流入日本，尤其是随《元史》一并传入的授时历。

授时历传入后，马上引起了日本学者的重视，学习研究之风兴起。最早解说和研究授时历的日本著作是出于小川正意的《新勘授时历经》两卷与《授时历经立成》六卷（刊行于1673年）。小川正意在宽永二年（1625）获得《授时历经》，知其与宣明历有异，便立表测日影，窥管观星写成此书。此后，授时历成为日本历算家的一个研究重点，出现了关孝和（约1642～1708）[2]、建部贤弘（1664～1739）[3]、涉川春海（1639～1715）[4]等一批专家和相关著作，其中不少著作对授

---

[1] 此外，洪武五年（1372）正月，明太祖朱元璋还命行人杨载出使琉球，以即位建元诏告其国，随后中山王察度遣弟泰期等人随杨载入朝，贡方物。"帝喜，赐《大统历》及文绮、纱罗有差。"另有记载，正统二年（1437）中山国遣使入贡，明英宗命福建布政司负责给予《大统历》，其使臣则声称："小邦遵奉正朔，还道险远，受历之使，或半岁一岁始还，常惧后时。"

[2] 关孝和著有《授时发明》（1680）、《授时历经立成之法》（1681）。

[3] 建部贤弘著有《授时历经解义》《授时历术解》《授时历数解》。

[4] 原名安井算哲，又名涩川春海。

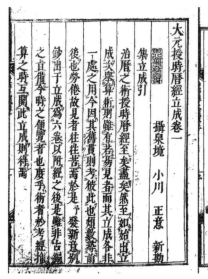

小川正意的《授时历经立成》
日本东北大学藏

时历的立数、立表、立法原理都有深入的研究。[1]而授时历在当时的日本也被尊为历学的最高经典，即便是西洋历法普及之后，授时历仍被认为是最重要的历法基础读物。

由于授时历的传入和广泛研究导致了历法改革思潮的产生，加之此前依宣明历所推的历日与实际天象已有两日以上的误差，日本朝野要求改历的呼声渐高。宽文十二年（1672）涉川春海就曾被举荐主持改历工作，然而未果。天和三年（1683），涉川春海完成大和历，随即奏请以大和历替代宣明历。事实上，大和历和授时历为并无本质差

---

[1] 日本研究授时历的著作还包括田中由真的《授时历经算法》（1698）、小泉光保的《授时历图解》（1703）、龟谷和竹的《授时历经谚解》（1711）、中根元圭的《授时历经俗解》（1768），以及高桥至时的《授时历交食法》（1789）和《删补授时历交食法》（1789）等二十余种。

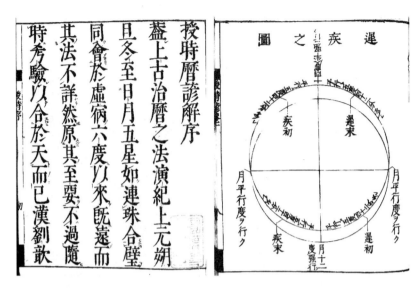

龟谷和竹的《授时历经谚解》

异，涉川春海只是在其基础上调整了中国与日本之间地理经度差异的影响（即"里差"），使交食等的推算更加准确。然而，涉川春海的改历建议受到了泰福等人的反对，声称大和历就是授时历，而制定授时历的元朝曾入侵过日本。不过鉴于正在行用的宣明历确实已经非常粗疏，泰福主张改用明朝的大统历，贞享元年（1684），泰福的改历建议被采纳。对此，涉川春海仍然据理力争，在德川纲吉（1646～1709）将军的支持下，决定以实测天象校验大和历和大统历的疏密。[1]涉川春海最终通过预报日食证明大和历优于大统历，贞享元年，大和历被正式颁行，并赐名贞享历。

　　宝历五年（1755），在安倍泰邦等人的干预下，改用宝历历，废

---

[1]　2010年日本出版了以涉川春海改革历法为背景的小说《天地明察》以及漫画，2012年又被改拍成电影。

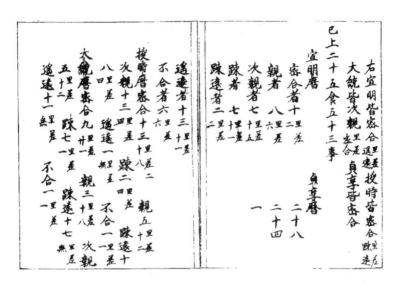

《贞享历》中对不同历法交食疏密的比较

日本东北大学藏

弃贞享历。这次改历实际上是政治妥协的产物，宝历历和贞享历并无多少本质差异。宽政十年（1798），高桥至时（1764～1804）等人采用西方天文历法理论编成的宽政历取代了宝历历，自此授时历在日本才逐渐退出了历史舞台。

4 改曰协纪：授时历在古代越南

北邻中国的越南与朝鲜、日本一样，都是汉文化圈的一部分。中越关系可追溯到五帝时期，所谓"南抚交趾"，《尚书·尧典》就记载有"申命羲叔，宅南交，平秩南讹，敬致，日永星火，以正仲夏"。其中的南交就是南方交趾之地。历史上，越南还曾长期作为中国的郡县，受中国文化影响颇深，所以古时越南也基本沿用中国的天文和历法。

西汉灭南越国后，设置交趾刺史，统辖九郡（其中的交趾、九真、日南三郡，即如今越南北部及中部地区），越南正式被收入中国版图。自西汉至五代天福三年（938）的凡千余年，越南的北部多数时期均为中国的郡县，越史称为"北属时期"，其间历法大概也与中国相同。唐调露元年（679），改交州都督府为安南都护府，逐渐使用安南之名。[1]唐代由僧一行主持，进行了全国范围的大规模天文大地测量，就曾到达安南等地。北宋初，越南摆脱中国的直接统治，开始作为中国的藩属。北宋大观元年（1107），安南李朝皇帝李仁宗

---

[1] 安南国是越南的古称。安南一词，唐代初叶曾作为地区政区名出现于中国载籍。最初的越南只
  包括现越南北部一带，不包括现越南南部（古称占城国）。

（1066～1127）曾遣使中国"乞市书籍"，但历算书籍仍遭到一定限制。《宋会要》记载有："闰十月十日诏交趾进奉人，乞市书籍，法虽不许，嘉其慕义，可除禁书、卜筮、阴阳、历算、术数、兵书、救令、时务、边机、地理外许买。"南宋淳熙三年（1176），又赐安南国历日，而这种颁历制度，后来一直延续到清代。

元惠宗元统二年（1334），吏部尚书贴住、礼部郎中智熙善被派遣出使安南，并赐越南陈朝宪宗陈旺（1319～1341）授时历。陈开祐十一年(1339)采纳太史令邓辂的建议，改元朝颁给的授时历为协纪历，《大越史纪全书》记载："（开祐十一年己卯）春，改授时历为协纪历。时候仪郎太史局令邓辂，以前历皆名授时，请改曰协纪，帝从之。"明建文三年（1401），黎季犛[1]篡位，改国号为大虞，废协纪历，改行顺天历。实际上，协纪历和顺天历仍属于授时历的范畴，只是更换了名称而已。[2]

明永乐五年（1407），张辅平安南，在越南重置郡县，恢复中国制度，改行大统历。当时的越南王子黎澄[3]（1374～1446）被俘获后，还曾服务于明朝，官至尚书，著有《南翁梦录》，其正统三年（1438）序中曾记载有至正间（1341～1368）交趾陈元旦"通晓历法，尝著《百世通纪书》，上考尧甲辰，下至宋元日月交蚀、星辰躔度，与古符合"，说明陈朝时越南的历法应当有一定的水平。不过，也有资料显示，后来黎朝兴起，虽然重视历法，对太史令特予优遇，但历算水平仍然有限。如《大越史记全书》记载："大宝六年戊辰（1448）秋七月，罢裴时

---

[1] 又名胡季犛，即位后又改名胡一元，字理元，为越南胡朝开国皇帝。

[2] 越南历史上虽然常用自己所造历法，如陈朝的协纪历、胡朝的顺天历、黎朝的万全历、阮朝的协纪历等，本质上都是中国历法。

[3] 越南胡朝君主胡季犛的长子，原姓黎名元澄，胡朝开国后改为胡元澄，又称胡澄，降附明朝后改为黎澄，字孟源，号南翁。

亨职，为太史令如故。时亨妄奏是月十六卯时月食，诏百官诣承天门救，月不见食，监察御史同亨发劾其罪。"

明中期，越南仍旧奉中国"正朔"。嘉靖十九年（1540），莫登庸[1]（1470～1541）曾上奏曰："岁领《大明一统历书》，刊布国中，共奉正朔，臣莫大之幸也。"此后，明朝每年行广西布政司颁给其《大统历日》，令赴镇南关祗领。嘉靖二十年（1542），莫登庸之孙莫福海（?～1546）还"亲率阮敬、阮宁止等到（镇南）关，祗领敕印并历日千本"，在外交上表现出对明朝的臣服。

明末清初，耶稣会士东来。西洋天文和历法知识也逐渐传入越南，但影响极为有限。康、雍时期，安南与中国历法交流很少，基本上仍旧沿用明代的大统历。另有记载，乾隆末年至嘉庆初年，由于越南没有掌握完整的日月交食的推算方法，只能依赖清朝的牒文，即"每值日食、月食，清人牒至，钦天监方以奏报"。

直到阮朝嘉隆九年（1810），阮有慎自清国带回最新的天文历法书籍，这种局面才随之改变。《大南实录》记载："嘉隆九年四月，阮有慎自清还，以大清《历象考成》书进言：我万全历与大清时宪书从前用明大统历法，三百余年未加改正，愈久愈差。清康熙年间参用西洋历法，汇成是编，岁测精详，比之大统愈密，而三线八角之法又极其妙，请付钦天监令天文生考求其法，则天度齐，而节候正矣。帝称善。"1812年，越南正式改万全历为协纪历，自此与清朝使用的时宪历大致相同。总而言之，授时历、大统历、时宪历等中国历法都曾在越南使用，不过与朝鲜和日本相比，越南未能深入学习和研究这些历法，其水平大抵只限于最基本的历日推算，对交食和五星运动等较

---

[1]　越南莫朝开国君主，1527～1529年在位。

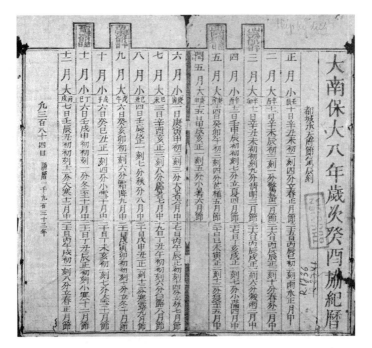

越南大南保大八年岁次癸酉《协纪历》

为复杂内容的吸收仍有所欠缺。

小知识◎《七政算内篇》

朝鲜世宗十五年（1433），在世宗大王的主持下，朝鲜天文学家郑招、郑麟趾等人以元代《授时历经》和刚传入不久的明代《大统历法通轨》为基础，编修了《七政算内篇》。该书在朝鲜一方面被单独刊印，如韩国首尔大学奎章阁的藏

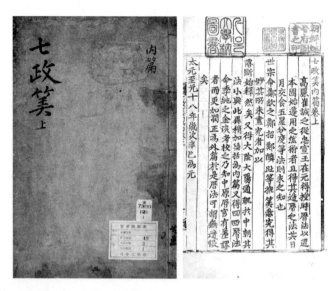

朝鲜李朝编纂的《七政算内篇》
韩国首尔大学奎章阁图书馆藏

本即为该版本，另一方面该书还被收入《朝鲜王朝实录》中。其中，奎章阁本《七政算内篇》分上、中、下三册，主要内容来源自《授时历经》。但该书在吸收《授时历经》的基础上，又吸收了当时新传入的《大统历法通轨》中的部分特点。例如，在内容编排上，《七政算内篇》将相关的术文和立成放在一起，以方便具体推算，这一点就与《大统历法通轨》较为相似。从《七政算内篇》的具体编排结构来看，该书上册为"历日第一"，对应《授时历经》中的"步气朔"和"步发敛"；中册为"太阳第二""太阴第三"和"中星第四"，分别对应"步日躔""步月离"和"步中星"；下册为"交食第五"

和"五星第六"，分别对应"步交会"和"步五星"。

◎姜保与《授时历捷法立成》

高丽天文学家崔诚之从元朝学成授时历后，将其传授给姜保。姜保"一学而尽通其法"。忠肃王二十一年（1335），姜保被封为书云观司历，不久升任书云观正。在他的组织下，让进士李仁实传写其法，完成《授时历捷法立成》。该书内容包括新编制的十七份立成表，以方便授时历的计算。这些立成表都是姜保根据授时历术文独立推算而来，部分内容也

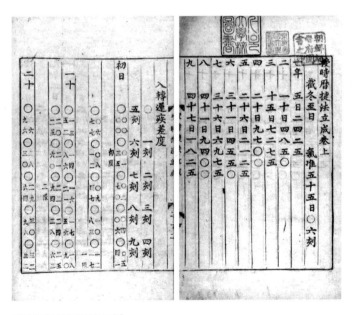

姜保的《授时历捷法立成》
韩国首尔大学奎章阁图书馆藏

参照了《授时历立成》。从这部著作我们大致能够看出当时高丽天文学家对授时历的掌握与使用情况。从中可以看出，关于高丽天文学家并未掌握授时历五星推步法的说法可能是正确的，因为姜保的著作中连《授时历立成》中的五星立成表都未收入，说明当时的确缺乏这方面的知识。

图书在版编目（CIP）数据

古历兴衰：授时历与大统历 / 李亮著. — 郑州：中州古籍出版
社，2016.11
　（华夏文库科技史书系）
　ISBN 978-7-5348-6639-5

Ⅰ.①古… Ⅱ.①李… Ⅲ.①古历法 – 研究 – 中国 Ⅳ.①P194.3

中国版本图书馆CIP数据核字（2016）第281541号

华夏文库·科技史书系
古历兴衰：授时历与大统历

总 策 划　耿相新　郭孟良
项目协调　单占生
项目执行　萧　红
责任编辑　赵建新
封面设计　新海岸设计中心
版式设计　曾晶晶
美术编辑　王　歌

出　版　中州古籍出版社
　　　　　地址：河南省郑州市经五路66号
　　　　　邮编：450002
　　　　　电话：0371-65788693
经　销　新华书店
印　刷　河南新华印刷集团有限公司
版　次　2016年11月第1版
印　次　2016年11月第1次印刷
开　本　960毫米×640毫米　1/16
印　张　9.75印张
字　数　111千字
印　数　1–3000册
定　价　26.00元